ボルネオの〈里〉の環境学

変貌する熱帯林と先住民の知

市川昌広
祖田亮次
内藤大輔 編

昭和堂

目　次

序　章　ボルネオの里と先住民の知──市川昌広・祖田亮次……1
　0-1　ボルネオの先住民の「里」………………………………2
　0-2　先住民の里利用に対する見方……………………………5
　0-3　先住民の知…………………………………………………8
　0-4　急速に変化してきたボルネオの社会と生態
　　　　──サラワクを中心に……………………………………12
　0-5　本書の構成…………………………………………………14

第1章　小規模社会で形成される植物知──小泉　都……25
　1-1　はじめに……………………………………………………26
　1-2　熱帯雨林の多様性と住民の知識──西プナンの事例……27
　1-3　集団間の比較………………………………………………36
　1-4　生活の変化と住民の知識…………………………………48

**第2章　了解可能な物語をつくる
　　　　河川災害とつきあうために**──祖田亮次・目代邦康……55
　2-1　はじめに……………………………………………………56
　2-2　河川と人々──サラワクの河川災害……………………59
　2-3　人々の災害認識……………………………………………65
　2-4　地形学的知見からみたラジャン川………………………71
　2-5　「了解」のための物語創出…………………………………81
　2-6　おわりに……………………………………………………87

第3章　里のモザイク景観と知のゆくえ
アブラヤシ栽培の拡大と都市化の下で　　　　市川昌広　95
3-1　はじめに　　96
3-2　暮らしの生物多様性　　97
3-3　アブラヤシ栽培により単調化する里のモザイク景観　　104
3-4　中・上流域の里で進む人口減少・高齢化　　112
3-5　今後の里の変貌と知のゆくえ　　118

第4章　動物をめぐる知
変わりゆく熱帯林の下で　　　　加藤裕美・鮫島弘光　127
4-1　はじめに　　128
4-2　ボルネオの動物相　　129
4-3　プランテーションのなかに生息する動物　　135
4-4　人々の動物に対する知識と狩猟　　138
4-5　プランテーション化と動物に関する新たな知識　　152
4-6　おわりに　　156

第5章　科学的林業と地域住民による林業
マレーシア・サバにおける認証林の事例から　　　　内藤大輔　165
5-1　はじめに　　166
5-2　調査地の概要と調査村の人々の森林利用　　167
5-3　サバでの科学的林業の導入　　170
5-4　持続的な森林管理の導入　　176
5-5　おわりに　　182

第6章　サラワクの森林開発をめぐる利権構造　　森下明子　187
6-1　はじめに　　188
6-2　植民地時代における森林管理制度の成立
　　　——1948〜63年　　189

6-3 森林資源の利権化と利権をめぐる闘争
　　——1963〜70年 ……………………………………………… 191
6-4 ラフマン・ヤコブ首席大臣による
　　森林利権の独占——1970〜81年 ……………………………… 194
6-5 タイブ首席大臣とラフマン・ヤコブ前首席大臣による
　　権力闘争——1981〜91年 ……………………………………… 197
6-6 過剰な森林伐採に対する
　　国際的プレッシャーと州政府の対応 ………………………… 199
6-7 アブラヤシ・プランテーション開発の展開 ………………… 204
6-8 森林開発の進展がもたらした先住民の知への影響 ………… 208
6-9 おわりに ………………………………………………………… 211

あとがき ……………………………………………………………… 221
索　　引 ……………………………………………………………… 223

序章 ボルネオの里と先住民の知

市川昌広・祖田亮次

写真 サラワク・バラム川上流域の焼畑での播種作業。市川昌広撮影

熱帯林の劣化・減少が国際的な環境問題として認識されるようになってからすでに20年以上が経ち，近年ではその問題が以前ほど大きく取り上げられる機会は少なくなってきたようだ。しかし，現実の熱帯林の現場は，ここ10年ほどの間，以前とは比べものにならない急激な変化にさらされている。森やその周辺で暮らす人々は，その変化の波を直接かぶっている。

　本書は，ボルネオ島（以下，ボルネオ）の人々が暮らす「里」を舞台とし，彼らが有する「知」を切り口としながら，環境の変化の波にどのような影響を受け，どう対応しているのかを描いている。その際，森やその周辺で暮らす人々の知識についてより深く理解できるよう，学問や研究成果から得られた知識を対象として，あるいは背景として多くの章で解説している。これが本書の特徴のひとつとなっている。

　まず，以下に本書のキーワードである「里」と人々の「知」について解説しておこう。

0-1　ボルネオの先住民の「里」

　東南アジア島嶼部は，ジャワ島などの一部を除いて，人口は希薄で熱帯雨林が卓越する地域である。熱帯雨林は地球上でもっとも生物多様性が高い場所であり，文字どおり，多様な生物が旺盛に息づいている。マラリアなどの疾病の原因となる病原菌を含めて，人間はその旺盛な自然を制御しがたい。このことが，人口の希薄さが保たれてきたひとつの要因であるとされる（坪内1998）。

　ボルネオは，その地理的な位置や面積的な規模，生態的な環境からも，島嶼部の中心といえる。島の面積は約73万km^{2}と日本の2倍弱を有し，中央部には山脈が走るため，多雨な環境下，河川が多い。そこには広大な熱帯雨林の下，多様な民族集団が暮らしてきた。おもにここ100年余りの間の移住により人口を増やした華人などの人々がいる一方で，多くは1万年から数千年前に東南アジアの大陸部を起源として移動してきた人々の子孫である（King 1993）。彼らは長年にわたって，熱帯雨林のなかで暮らしてきており，近年でも多くが森林を基盤とした生産物に頼っている。本書でいう先住民とはおもに彼らを指して

いる。

　本書の中心的舞台となるボルネオ島北西部のマレーシア・サラワク州（以下，サラワク）では，20の民族集団が公式に先住民として認められている。しかし，実際には同じ集団に分類されている人々でも，川筋がひとつ異なると言語も変わるといわれるほど，その民族構成は多様である。ボルネオの内陸先住民を，その生活スタイルから分けると大きくふたつのグループになる。ひとつは，ロングハウスと呼ばれる長大家屋に集住し，焼畑による稲作をおもな生業として暮らしてきた人々である。もうひとつは森のなかを頻繁に移動しながら狩猟採集をおもな生業としてきた人々である。

　本書でいう「里」とは，先住民が生活をするために使ってきた領域を指す。里の形態は上のふたつのグループの間で大きく異なるだろう[*1]。焼畑を主たる生業としてきた人々の里では，たかだか2haほどの焼畑が森林を伐採・火入れして作られる。収穫後，その土地は放置され，そこは再び森林に戻っていく。もともとは原生林であったところが，焼畑後に回復してきた二次林が主体の景観となる（図0-1）。さまざまな林齢の二次林のなかに先住民の暮らしの拠点となるロングハウスや焼畑，ゴム園，コショウ園，果樹園などが点在し，狩猟や漁撈，林産物採集を行う場所を含んだ範囲が里である。焼畑を行う先住民は，もともと狩猟採集民と比べて人口が多い。さらに今日では，狩猟採集民の多くも数十年前から焼畑をしながら定着的に暮らす生活スタイルに変化してきている。したがって，今日ではこのタイプの里の景観が主になっている。

　一方，森林で狩猟採集をおもな生業としてきた人々の里には，原生的な森林

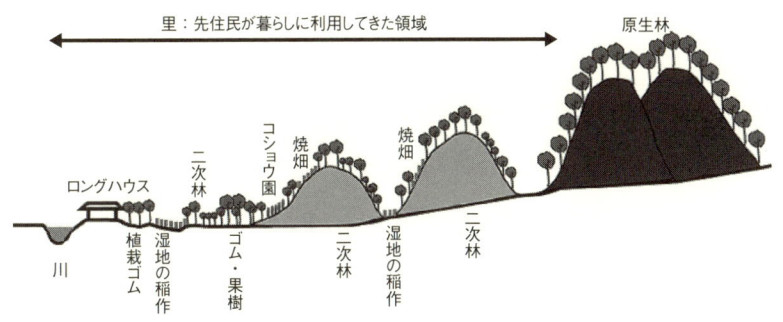

図0-1　ボルネオにおける焼畑民の里の模式図

序章　ボルネオの里と先住民の知　　3

が広く残っている。彼らが生活拠点としてしばしば利用する周辺には，二次林が広がっていたり，食料となるサゴヤシの類が多く生育しているなど人為のあとがみられるが，焼畑民の里と比べればより自然性が高く大きな森林を基調とした景観である。

　ただし，近年の里やそれをとりまく状況は急速に変化してきている。くわしくは後の節で述べるので，ここでは里が先述のようにさまざまな林齢の二次林を主とする景観から，近年，急速に変化しつつあることを指摘するにとどめる。こうした近年の里の急速な変化と今後のゆくえが，本書で扱う課題のひとつである。

　ここで，里という言葉について若干の説明を加えておこう。読者の方々は，里という言葉から，田舎で人々が住むところといったイメージをもたれると思う。本書で対象とするボルネオの先住民の言語のなかにも似たような意味合いを有する言葉はある。たとえば，サラワク最大の民族集団であるイバンの「ムノア（menua）」がそれに当たる。イバンをはじめとするボルネオの焼畑民の多くは，原生林は精霊や妖怪のような超自然的な存在に支配されていると考えるが，それが焼畑などに切り拓かれ，人が生活したり，利用したりするようになった場をムノアと表現する。概念的に示すと，図0-1のような景観構成になる。このような景観は日本人も里としてのイメージを共有しやすいだろう。一方，狩猟採集をおもな生業としてきた先住民の里は，前述のように自然性の高い森林を基盤としているので，日本人のもつ里のイメージからは少し外れるかもしれない。多少のイメージの差異は生じるだろうが，ボルネオの先住民の里としては，長い年月，森林とともに生きてきた先住民の暮らしの領域を想起していただきたい。

　本書は日本から遠く離れた地域のことを述べているが，いくつかの章でふれられているように，日本の里あるいは里山とも相通ずるような現象や課題がみられる。くわしくは以後の各章にゆずるが，ボルネオの里に大きな影響を与えている木材伐採やプランテーション開発は日本の経済とかかわりが深く，また，近年の都市の発展により，ボルネオでも日本の農山村と類似した状況がみられ始めている。読者の方々にもそのような視点をもちつつ本書を手に取っていただきたいと考え，里という言葉を使っている。

0-2　先住民の里利用に対する見方

　先住民の里は，研究者を含む外部の人々からはどのように捉えられてきたのだろうか。以下では，おもに研究の側面からの里の捉え方と，政府による捉え方について検討しよう。
　先述のようにボルネオに暮らす大半の先住民は，これまで焼畑をおもな生業としてきたため，ボルネオの広い範囲に焼畑が分布していた。森林を伐採し焼くという農法は，19世紀以降，西欧の人々がさかんに当地を訪れるようになって以来，しばしば物議をかもしてきた。当初は，農業としての焼畑の前近代性や非合理性を批判し，近代化・啓蒙を促そうとする態度が強かった。ボルネオ以外の地域においても，20世紀前半には「科学的林業」という考えをもった植民地支配者によって，焼畑は森林資源を浪費する悪玉として捉えられていた（水野 2006）。
　本書のおもな舞台となるサラワクにおいては，1940年代の後半から調査を行っていた人類学者フリーマンによって，調査対象のイバン人は原生林をつぎつぎと焼畑に代えていく「森の蚕食者」であると批判的に捉えられた（Freeman 1955）。焼畑が森林破壊の原因であるという論調はその後も続いたが，とくに1980年代以降は，サラワク州政府によって改めて強く主張されるようになった。その背景には，商業的木材伐採の急成長があった。サラワクでは，1970年代以降にフタバガキ科樹木の商業伐採が本格化したが，1980年代に入ると，そうした木材伐採は熱帯雨林を破壊する行為であるという西欧諸国からの批判が高まった。サラワク州政府は，こうした批判に対抗して，森林劣化・減少のおもな要因は焼畑であると反論したのである。
　一方，1970年代以降は，焼畑の合理性を裏づける試みもなされるようになってきた。それは，焼畑を擁護する主張，つまり先住民の暮らしは焼畑によって支えられており，焼畑は森林環境を循環的・持続的に利用する農法であるという主張であった（Kunstadter et al. eds. 1978）。サラワクにおける焼畑に関しては，先述のフリーマンの主張に対して，たとえばパドックは，先住民の焼畑を含む暮らしのあり方は，静的・普遍的なものではなく，彼らをとりまく社会・自然

環境に応じて柔軟に変化しており，焼畑は必ずしも森林に大きな悪影響を与えるとは断定できないとしている (Padoch 1982)。

あるいは，総じて焼畑といっても，やり方によって森林への影響の度合いは異なるという主張もなされた。他地域から森林地域にやってきた移民などは，休閑期間が短く森林に影響が大きい焼畑を行う傾向にある一方，長年その地に暮らしてきた先住民は十分な休閑期間をとり森林を回復させながら焼畑を行ってきた (Kunstadter et al. eds. 1978)。しかし，本書の舞台のひとつであるインドネシア東カリマンタン（第1章）では，河川の下流域の村から上流域の村に向かって貨幣経済が浸透し，浸透度が高いほど休閑期間が短くなっていくという研究結果も出ており（井上 1995)，すべての先住民がかつてのような低インパクト型の焼畑を実践しているというわけではない。近年では，各章で述べるように，以前にもまして里をとりまく状況は激変しており，人々の森林資源の利用方法も変化している。

長年，森林を利用しながら暮らしてきた先住民や彼らの社会のなかには，森林を保全的に利用する知識，技術あるいは制度が内包されているという議論が1980年代以降数多くなされてきた。そういった議論のひとつであるコモンズ論に関していえば，ボルネオ内陸部の先住民社会では，共有資源を保全する明確で厳密な取り決めはみられず，「ルースなコモンズ」（井上 1997) が存在すると指摘されている。古川 (1992) は，先住民がひとつの資源を集中的に一か所で定着して使うのではなく，移動しながら資源を分散的に使う「移動型文化」を有していると主張している。先住民が有する焼畑の技術や，その社会が内包する制度や規範,「文化」などは，次節で述べるように，先住民が有する「知」ともいえる。これらは里をとりまく社会変化のなかで維持されていくのだろうか。

ここまでは，おもに研究者からの里へのまなざしをみてきた。つぎに，政府はどのように里をみてきたのか，サラワクを例にとり政策を通じて検討していこう。サラワクの州政府が認めている先住民の領域[*2]は，先住民自らが里と認めている領域とは多くの場合一致しない。政府は，里やその周りに広がる豊かな森林資源を最大限利用するために，できるだけ広い範囲で森林を囲い込もうとしてきた。政府が経済的価値を認める森林と，先住民が暮らしの場としてきた

森林の範囲は往々にして重なる。そのため，政府は先住民が利用する里の広がりを制限しようとしてきた。たとえば，サラワク州政府は，先住民の里利用を慣習的な土地使用権として一定程度認めつつも，さまざまな法的根拠をもって，その利用に大きな制約をかけてきた。たとえば，1958 年に改定された土地法では，1958 年 1 月 1 日より前に先住民が原生林を切り拓いた場合に限り，その範囲において彼らの利用権を認めている。しかし，それ以降の原生林の開拓は原則的に認めておらず，たとえ切り拓いたとしても先住民に利用権は生じない。

ボルネオの先住民は，歴史的に頻繁に生活の場を大きくあるいは細かく移動させてきた。したがって，今日では原生林のようにみえる森林地帯でも，100 年から数百年の単位でみれば先住民がかつて利用していた可能性もある。実際，先住民自身が伝承などを根拠に権利を主張することもある。しかし，たとえばかなり以前に焼畑を行った場所が，休閑地として長期間放置され，原生的な森林にもどった場合，そこが先祖によって切り拓かれた土地であることを証明することは難しい。さらに問題なのは，狩猟採集をおもな生業としてきた先住民の里である。政府は，1958 年までに原生林が伐採された土地に先住民の権利を認めるとする。焼畑をしない狩猟採集民は，樹木はごくわずかしか伐採しない。したがって，彼らが 1958 年以前に生活していた場であってもそこに利用権は発生しない。

政府は，先住民の利用権があると認めている範囲については，まがりなりにも先住民の利用を尊重している。しかし，その範囲外だと認識している場所では，ここ数十年，木材伐採やプランテーション開発を企業に許してきた。先住民と政府の間には，土地や森林に対する認識について総じて大きな隔たりがある。先住民が自らの里として認知していた場所が，開発許可を得た企業によって伐採されたりプランテーション化されたりしてきた。このような認識のズレが，しばしば対立・土地闘争の火種となっている。こうした政府による森林資源の確保のための森林あるいは先住民の利用できる土地の囲い込みは，制度は多少異なるが，マレーシア・サバ州やインドネシアのカリマンタン各州でもみられる。

このように先住民の里について扱うとき，政府あるいは企業との関係は，と

くに森林開発がさかんになってきた近年では，常に注目すべき重い課題になっている。そのため本書でも先住民と里についてだけでなく，政府や企業と森林・里との関係のあり方についても検討している（第5，6章）。

　以上のように，先住民の利用してきた里や森は，植民地期以降，政府や企業によって，別のまなざしが向けられ，価値づけされ，概念化されてきた。これまでは往々にして対立が目立ってきたが，環境の劣化が地球規模で問題視されるなかで，ボルネオの熱帯林をいかに持続的に利用すべきか，という議論もようやく始まりつつある。そして，その際に注目されているもののひとつが，熱帯の生態に関する先住民の「知」である。

0-3 先住民の知

　近年，本書でいうところの，先住民の知に関連する議論は，伝統的知識（traditional knowledge: TK），伝統的生態学的知識（traditional ecological knowledge: TEK），あるいは先住民知識（indigenous knowledge: IK）など呼ばれ議論されている。以下では，里や森などの自然資源に関する知識についての議論を行う場合，便宜的にTEKと記すことにする。

　TEKに関する研究は，Conklin（1957）ら認識人類学者によって先駆的に行われてきた。コンクリンが行ったフィリピン・ハヌノオ社会における植物の命名・分類の研究は，民俗分類（folk taxonomy）という研究領域が成立しうることを明示するものであったが，当時としては，資源管理などの実践への応用が意図されていたわけではない。しかし，1980年代以降になって，TEKに関する研究は資源の管理や保全への応用可能性という点が議論の中心となっていった（Berkes 1993）。1980年代後半は，いわゆる地球環境問題が国際的な課題として浮上してきた時期である。このころ，従来の政策や実践では環境の保全や資源の管理がうまく進まないという問題が各地で顕在化していた一方で，特定地域の特定社会においては，自然資源を持続的に利用する「伝統的」な知恵が存在するという事例が数多く報告されるようになり，「伝統的」な社会で蓄積されてきた知識や知恵に，再び関心が向けられるようになった。

　Berkes（1993）によれば，TEKの定義は「人間を含むさまざまな生物が相

互に関連しながら環境との間に切り結ぶ関係について，文化的な伝達によって世代から世代へと伝えられ，蓄積されてきた知識と信念の総体」とされている[*3]。そして，「TEK は資源の利用を歴史的に継続する形で実践してきた社会の所産であり，概して，そうした社会は，産業化されていない，あるいは技術的にあまり進んでいない社会であり，その多くは先住のあるいは部族的な社会である」とされる。すなわち，TEK についての研究は，個別の先住民族のイデオロギーや世界観という相対論的な志向を有しているといえる（大村 2002a）。以下では，この TEK にかかわるさまざまな議論のうち，主要な 3 点について整理しておきたい。

　第 1 点目として，上記のとおり TEK の研究が相対論的な志向性をもつことと関係するが，これまで，（近代）科学的な生態学知識（scientific ecological knowledge: SEK）と TEK との関係が主要な議論のひとつとなってきた。Berkes（1993）は，SEK と TEK とを比較した場合，表 0-1 に示すような違いがあり，両者をどのように統合していくかという点を課題としている。ただし，SEK と TEK を対立的に捉える図式は，科学と民俗，近代と土着，西欧と非西欧といった二項対立に陥ることもあり，生産的な議論にはつながらないという主張もある（秋道 2002，笹岡 2012）。実際の資源管理の現場で SEK と TEK を統合的に適用するのはかなりの困難が伴う。そこで，両者を統合するというよりも，並存させつつ使い分けていく仕組みが必要だという指摘もある（大村 2002b）。また，TEK であれ SEK であれ，周囲の生態環境についての豊富な知

表0-1　TEKとSEKの相違点

TEK	SEK
質的	量的
直観的	理性的
全体論的	還元主義的
精神と物質の隔てなし	分ける
倫理的	無価値
試行錯誤，経験	実験，システマティック
資源利用者のデータ	研究者のデータ
通時的データ	大面積での短時間のデータ

出典：Berkes（1993）より作成。

識が存在していたとしても，それがそのまま賢明な利用（wise use）につながるとは限らないという問題もある（湯本 2011，本書第1章）。つまり，それらの知のあり方を問い直し，いかに実践につなげるかという，ガバナンスの問題が重要になるという指摘である。一般論としても，知は，優位な立場にいる者が利用すると往々にして政治や権力，支配や独善などに結びつきやすい。国家や行政が行使する知は「権威知」（authoritative knowledge/knowledge of those in power）などと呼ばれることもあり（Jordan 1997），通常は科学知や近代知と親和性が高いと考えられるが，最近では，先住民のもつ知識を国家や企業が高く評価したり，都合よく利用したりする事例もみられるようになってきた。本書の第6章では，こうした事例についてもふれている。

　TEKについての第2の論点は，そのダイナミズムあるいは変化についてである。TEKは得てして，ひとつの体系として静的に固定化されたものであるかのごとく描写されることが多かった。しかし，たとえば東南アジアにおける先住民の知は，元来，外部からの影響を受けつつ柔軟に変容してきたという側面ももつ。先住民社会は，変わらない「伝統的」知識を保守的に受け継いできたというわけではなく，必要に応じて新たな知識や技術を取り入れつつ，変化する周辺環境へ対応するための実践を行ってきた（第4章参照）。それらは実用的知識（practical knowledge）（Scott 1998），あるいは，実践的知識（performative knowledge）（Richards 1993）などと呼ばれることもある。こうした知の混淆性・混血性は，環境の変化や想定外のリスク（社会的なリスクも含めて）などに対して柔軟さや臨機応変さを有しており，行政や外部者が行う対応策や支援などに勝ることもあるという（Ellen ed. 2007）。

　このように変化しハイブリッド化してきた先住民社会の知をTEKあるいは「伝統的」と呼ぶことには違和感がつきまとうとして，在来知（local knowledge），先住知（indigenous knowledge），あるいは経験知（empirical knowledge）などと表現することもある（Berkes 1998, Pasquini & Alexander 2005）。ここでは，知の種類の検討に深入りすることは避けるが，いずれにせよ，本書のいくつかの章でもみられるように，ボルネオの人々も周囲の環境の変化に対応する形で，新たな知を導入したり，創造したりしてきたことは確かである（第1，4章参照）。ただし，知の変化には，新たな知識や技術，思想などの

導入・創造ばかりではなく，知識や規範の喪失という側面もあることに改めて留意する必要があるだろう（第 1, 3 章参照）。

　第 3 点目として注意しなければならないことは，本書でいう「知」は知識や技術，あるいはそれらの体系だけを指しているわけではないということである。豊富で柔軟な知識をもっていれば，環境の変化に応じて積極的な対処をするための基盤あるいは資源になりうるだろう。しかし，TEK には，そうした経験的・実際的な知識だけでなく，「知恵」や「賢明さ」，儀礼や信仰（Orlove & Brush 1996），倫理的規範（Stevenson 1996），あるいは世界観（Berkes 1998）なども含まれる。つまり TEK は，その内容の豊富さだけでなく，人間 − 環境関係を包括するような全体性をもつ場合が多いという特徴がある。[*4] 本書のいくつかの章でも，儀礼や禁忌，神話など，人々の世界観にかかわる事象が取り上げられている（第 1, 2, 4 章）。

　以上，TEK あるいはより広く「知」をめぐる議論の一端を紹介した。本書では，里の知を中心的なテーマのひとつとしている。里の知とは，身近な生活世界や環境の利用にかかわる知識・技術・知恵・規範・世界観などを指す。このような知は，いかに構築され，蓄積され，継承され，また変化するのか。そうした知を生活あるいは実践の場でどのように活用しているのか。そのことが，里の生活そのものをどのように変えてきたのか，あるいは，今後変えていくことになるのか。これらについて，各章で論じられている。

　一方，新たな知を導入しながら自然環境・社会環境の変化に対応する臨機応変さは，里に生きる人々の専売特許ではない。Jordan（1997）は，たとえばリスクや災害などに遭遇した人々に対する外部からの支援がしばしばうまく機能しないことなどをあげながら，行政などが活用する権威知は往々にして硬直化したものになりがちであると指摘する。しかし，先述したように，国家や行政，あるいは開発企業は，そのさまざまな活動のなかで，当然のことながら新しい知識や技術を取り入れつつ，直面する問題に対応したり，さらなる利益追求を目指したりしてきた。それらの知の導入や活用は，しばしば先住民の利益と競合したり，彼らの生活世界を侵害したりする結果を招くこともある。こうした事例についても，本書のいくつかの章では取り扱うことになる（第 5, 6 章）。

いずれにせよ，ボルネオの里や森は，後述するように，以前にもまして近年著しく変化しつつある。そのような状況のなかで，先住民の生活世界に直接・間接に関与するさまざまなアクターが，いかなる知の運用・実践を行っているのか，同時代的な観点から考察を進める必要がある。

0-4　急速に変化してきたボルネオの社会と生態
——サラワクを中心に

　本書の舞台となるのは，マレーシア・サラワク州を主としつつ，マレーシア・サバ州やインドネシアの東および中央カリマンタン州である。本節では，以後の章を読み進める際に，より深い理解の一助となる情報を簡潔にまとめている。
　ボルネオは，東南アジア島嶼部のほぼ中央に位置する世界で3番目に大きな島で，マレーシア，インドネシア，ブルネイの3つの国によって分割領有されている。島の北部を占めるマレーシア領はサバ州とサラワク州の2州に，南部のインドネシアは東・西・南・中央カリマンタンの4州[*5]に分かれる。そして，サラワクとサバに挟まれる形で小国ブルネイが存在する。本書の舞台の中心となるのは，このうちのサラワクであるが，サバ（第5章）や，東カリマンタン（第1章），中央カリマンタン（第3章）の事例も含まれる。
　面積的に非常に小さなブルネイを除外して考えれば，ボルネオは，マレーシアにとってもインドネシアにとっても，「辺境」に位置づけられるといってよい。たとえば，マレーシア半島部やインドネシア・ジャワ島と比較したとき，ボルネオ各州の政治的な発言力は弱く，経済開発は遅れている。ボルネオの内陸には，現在でも多くの先住民が居住し，その生業としては焼畑や狩猟採集が卓越している。しかし，先述のとおり，近年における環境の変化も顕著な形で表れている。
　たとえば，マレーシアのサラワク州は，1980年代以降，その環境の変化という点で国際的な注目を集めた。というのも，世界的に環境破壊が問題視されるようになるなかで，大規模な商業的木材伐採によって，サラワクの森林が減少あるいは劣化しているという事実が，環境NGOの活動を通じて，先進国の映像メディアなどで頻繁に紹介されるようになったからである。そこでは，古

くから利用してきた里や森を破壊された先住民の人権問題も強調されていた。

　熱帯林における商業的木材伐採は，1960年代前半にはフィリピンにおいて本格化し，その後，木材資源を求めてカリマンタンやサバへ展開していった。さらに1980年代からはサラワクが熱帯材の主産地となってきた。国際的に環境問題への意識が高まるなか，通信手段やメディアの発達も伴って，熱帯林伐採の様子が世界中にさかんに配信されたのがこのころである。このような状況下で，サラワク州政府は先進国や環境NGOによる強い非難を受け，また伐採量の削減を求める国際熱帯木材機関（ITTO）の勧告に促され，1990年代以降，伐採量を削減することになった。しかし，政治家にとって重要な利権である伐採は容易には止まず，今日でも続いている（第5，6章参照）。その一方で，別の形での森林利用が活発になっている。

　1990年代以降にとくに活発になった森林利用・開発として，森林からプランテーションへの土地利用転換があげられる。おもにアブラヤシとアカシアの植栽によるもので，ここ20年ほどで面積は急増した。これまでは辺境として，大規模な土地開発は行われてこなかったが，マレーシア半島部やインドネシア各地において開発可能な土地が相対的に減少するなか，ボルネオ島は東南アジア島嶼部における最後の開発フロンティアとして注目されるようになったのである。

　これらのプランテーションは，ゴム園から転換されたものもあるが，基本的には，既存の森林を皆伐して造成されてきた。そのため，商品価値の高い樹種を選択的に伐採してきた，従来の択伐形式の商業伐採よりも，著しい景観変化をもたらしている。1990年代に，集落の周辺でプランテーション開発を目の当たりにした先住民のなかには，商業伐採の方がまだましだったと訴える者も多かった。択伐後の森は劣化したとはいえ，狩猟や林産物採集が可能であったからである。プランテーション開発は，州政府与党の政治家にとってはかつての商業的木材伐採に代わる新しい利権として捉えられており，拡大の一途をたどっている（第6章参照）。一方，環境・人権系のNGOにとっては政府や企業を批判するための新たな材料になりつつある。

　このような森林や土地をめぐる変化は，先住民の里の改変に決定的な打撃を与え，不可逆的な景観変化をもたらすものと危惧されてきた。この変化が最終

的に行きつく先と，それによる生態的，社会的環境への影響はまだ定かではない。近年では，内陸先住民自身も自らの里にアブラヤシを植えるという新しい動きが広がっている。土地の権利状態や，道路整備状況，都市や搾油工場へのアクセス条件など，さまざまな要因はあるものの，彼らの経営形態によっては都市で賃金労働をするよりも大きな収入を得られることもあり，これまで都市への人口流出傾向が指摘されてきた内陸の先住民集落に人が戻り始めている地域もみられるようになってきた（第3章参照）。先住民自身によるアブラヤシ栽培の開始や，人口流出を経験してきた集落の再活性化などは，10年ほど前までは考えにくいことであったが，それだけ，近年の変化は急速かつダイナミックであり，里に暮らす人々の生活変化にも大きく影響しているといえるだろう。

　プランテーション開発の進展によって植生の単純化・単一化が進む一方，商業伐採が継続されている地域では，質的な変化もみられるようになってきた。たとえば，サバの大規模な伐採施業地区では，国際的な森林認証を取得して，科学的林業の名の下に従来よりも厳しい管理下で森林伐採が行われるようになっている。サラワクでも，マレーシア独自の制度であるマレーシア木材認証協議会（MTCC）認証を取得する企業が現れている（第5,6章参照）。

　以上のように，20世紀後半以降のボルネオの里およびその周辺の森林は，資源収奪的な商業的木材伐採が活発に行われ，そのピークが過ぎてからは土地への投資とその回収を基調とするプランテーション型の土地利用へと転換している。今日では，里においても先住民によるアブラヤシ園化が進んでいる。一方，商業伐採の質的な変化もみられるようになった。そして，それらの変化は常に内陸先住民の生活に，大なり小なり影響を与えてきた。このような状況のなかで，森林開発の現場周辺において里利用を行ってきた人々にとって，これらの劇的かつ多様な変化はどのように映っているのであろうか。本書のいくつかの章で取り上げている点である（第3,4,5章）。

0-5　本書の構成

　本書の構成は以下のとおりである。序章以後，第1章から第6章のうち，最初のふたつの章（第1,2章）では，本書の中心的課題となっている先住民の知

の特性について，第1章では植物に関する知識に焦点をあて，第2章では河川災害を事例にとり論じている。中盤のふたつの章（第3，4章）では，近年急速な里の変化と知への影響について，第3章では近年さかんになっている先住民によるアブラヤシ栽培と里から都市への人口流出に注目し，第4章では狩猟採集民の動物に関する知とその変化に焦点をあてつつ，先住民の環境変化への対応を検討している。最後のふたつの章（第5，6章）では，ボルネオの里のあり方にこれまで多大な影響を及ぼしてきた政府の森林利用に着目している。里の知への理解を深めるために，第5章では林業局の科学的な森林管理による住民の森林利用への影響を，第6章では政治家が森林を利権化していく過程と先住民の対応を描いている。前もって各章の内容を以下に簡潔に紹介しつつ，着目すべき点について示しておこう。

　第1章では，ボルネオ内陸先住民の植物知識に注目しつつ，彼らの知の特性について論じている。先述のとおり，民俗分類という研究領域が確立される契機となったのは，Conklin（1957）による研究であり，そこでも植物の命名・分類が主要な論点となっていた。本章は，そうした生態人類学的な流れに位置

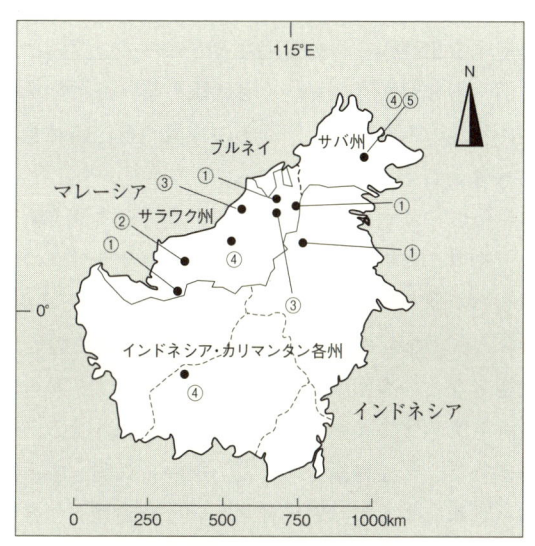

図0-2　本書で扱っている地域（ボルネオ島）
注：数字は章番号を示す。

づけられる論考であるが，言語による事象の分節方法などを考慮しつつ，言語学的な分析枠組みも援用している。これらは，執筆者の有する，植物学や分類学，音韻学などに関しての深い理解がなせる業であろう。

　この章では，最初に東カリマンタンにおける西プナンの人々が有する非常に豊富な植物知識が紹介されている。彼らは，森林のすべての植物を知っているということに誇りをもっているという。つぎに，ボルネオ内の他の集団との比較を行っている。命名されている植物の数だけでいえば，先の西プナンと比べ焼畑民であるイバンやクラビットの人々も引けを取るわけではないが，彼らの植物の利用方法には相違がみられることを示している。一方，東プナンの人々の事例は，彼らが西プナンと文化的・言語的に近いにもかかわらず，知識の発達した領域はそうとう異なることを示している。このような集団間に知識の差がみられる理由は，必ずしも周囲の自然環境や生業体系が異なるためだけでなく，集団ごとの植物に対する興味のもち方や知識の枠組みといった文化的な要因が異なるためだと考察している。

　最後に，近年の西プナンの人々をとりまく社会的な環境の変化と，彼らの生活や知識について検討している。植物について豊富な知識を有していても，そうした知識を運用する倫理観や行動規範などが伴っていないと，周辺環境の変化に対応した生活への移行がうまくいくとは限らないことを説明している。内陸先住民の知識の特性のみではなく，近年の環境の変化に対する彼らの暮らしの適応についても考えさせられる章である。

　第2章は，河岸侵食や洪水氾濫といった河川災害の事例を紹介しつつ，先住民の対応のあり方や考え方について考察している。サラワクの大河川の中・下流域では，河岸侵食の被害を受け，崩落の危機に直面している集落（ロングハウス）が多くみられる。なぜこのようなリスクが発生するのか，地域住民は，自らの観察や技術者などの専門家の話，あるいはメディアからの情報などを組み合わせながら，さまざまな説明を「論理的に」展開させる。その一方で，本人たちも飛躍を認めるような神話をもちだしながら説明もする。一見すると，客観的事実の積み重ねによる推論と，神話という非論理的な説明が混在・併存しているようにみえるが，本章では，これらの説明原理にはある種のアナロジーが存在するとしている。

一方，現在の河岸侵食や洪水氾濫の状況を地形学や水文学といった科学的な観点からくわしく解説しつつ，科学的な説明と住民たちが「論理的に」語る説明とは，いろいろなところでズレが生じてくることを明らかにしている。その理由として，サラワクの先住民と地形学者が注目する対象の時空間スケールが大きく違う点に一因を求めている。このようなズレがあるなかで，災害要因に関する地形学的な知見を住民たちに提供しても，それが必ずしも意味のあることだとは限らないとする。先住民が必要としているのは，必ずしも，災害の「科学的に正しい」要因説明ではなく，自分たちが現在おかれている窮状について，了解したり，納得したり，場合によっては諦めをつけられるような「腑に落ちる」物語だからだとする。これは，問題を抱えつつも最悪の事態を回避するための，ある種の知恵であり，こうした物語創造のプロセスは神話創造のそれと類似するものであるという。ボルネオ先住民の知については，生態学的な知識に関する論考がほとんどであるなかで，このような河川や地形に関する知識について検討した研究は，本書のなかでもやや異色であるが，先住民の知の多様性を理解する上で興味深い論点を提示している。

　第3章では，サラワクにおける里の今後のゆくえを，そこの先住民の暮らしからみた生物多様性（暮らしの生物多様性）の観点から占なっている。里には，さまざまな林齢の二次林を主とするモザイク景観が成立している。最初にその形成過程と里の生物多様性について解説している。近年，日本においては，生物学や生態学の観点から生物多様性の保全にとっての里の重要性が訴えられている。しかし，熱帯雨林気候下では，最新の研究成果から総じて生物多様性は原生林で高く，二次林を主とする里の土地利用では低くなることが明らかにされている。一方，先住民は，里のさまざまな植生を暮らしのために使い分けており，「暮らしの生物多様性」の観点からは，必ずしも二次林が低いわけではないことを説明している。また，代々受け継がれてきた里を有することが，先住民の誇りになるといった精神的な価値についても述べている。

　そうした里のモザイク景観に大きな影響を与える現象として，先住民のアブラヤシ栽培と里から都市への人口流出をあげている。里でのアブラヤシ栽培に関していえば，道路が整備され，搾油工場が多い海岸沿いの低地で栽培面積が大きく拡大しており，先住民が重機を用いて大規模なアブラヤシ園を造成して

いる様子を述べている。さらに河川の中・上流域の里へもアブラヤシ栽培の波が近年，急速に押しよせているという。里から都市への人口流出については，とくに中・上流域の里での状況が進んでいることを報告している。企業による木材伐採に影響を受けて活気のある村がある一方で，人口流出が顕著なところでは，ロングハウス全戸数の大半が空き室になっている村もみられる。そして，人口減少や高齢化は，里の土地利用にも影響を与えているという。最後に，これらの状況をもとにして今後の里のゆくえを占なっている。道路や地形の条件によってアブラヤシ園化と人口流出の進み方を予想し，それに伴う里の景観あるいは「暮らしの生物多様性」の変化を検討しつつ，里の知を継承していくために里での暮らしを重視する価値観について論じている。

　第4章は，生態学者と人類学者の共同執筆によるもので，動物，とくに哺乳類に着目している。近年，急速に進む木材伐採やプランテーション化のなかで哺乳類の生態がどのような影響を受けているのかを最新の研究成果から紹介している。これまで，企業による木材伐採や森林のプランテーション化によって，哺乳類の多様性は深刻な打撃を受けていると考えられてきた。しかし実際には，森林開発によって多くの動物が生息数を減少させつつあるなかで，アブラヤシやアカシアのプランテーションを，生息・採餌の場として利用している哺乳類も何種類か存在していることがわかってきた。とくに，天然林[*6]とプランテーションが混交しているような地域では，種によっては生息数を増やしており，絶滅危惧種の生息が確認されることもあるという。動物たちも，環境の変化に適応しながらその生息域や採餌行動を変化させているのである。

　このような環境の変化のなかで，人々と動物との関係性も変化しているという。たとえば，サラワクの定住した狩猟採集民シハンは，森にすむ動物に関して独特の命名・分類を行っており，禁忌やトーテムといった精神世界も含めた多様な関係性を切り結んできた。近年，シハンをとりまく状況は急激に変化しており，彼らが里として利用してきた森の一部は，アブラヤシ・プランテーションへと転換されつつある。また，シハン自身も自分たちの里にアブラヤシを植え始めているという。そのような状況のなか，シハンがこれまで蓄積してきた野生動物に関する豊富な知識に加え，プランテーション化がもたらす動物生態の変化について新たな知識を蓄積・融合・再生産させつつ，周辺環境の変化に

柔軟に対応していることを，詳細な現地調査をもとに考察している。

　第5章では，木材伐採やプランテーション開発がサラワクよりも早くから進んできたサバにおいて，林業局の進める科学的林業に基づく伐採事業とその周囲に暮らす先住民の森林利用との関係を描いている。サバでは，森林伐採により木材資源が減少してきた1980年代終盤以降，持続的な林業への方針転換がみられ，近年では国際的な森林認証制度を積極的に取り入れるようになった。持続的あるいは環境配慮型の木材伐採が科学的林業に基づいて行われるようになってきた過程と，その結果，伐採施業区の境界が厳格に守られるようになったことを明らかにしている。一方，伐採施業区の周辺にはかつてよりそこで生活してきた先住民がいる。この章では，彼らが長年にわたり行ってきた森林利用も「林業」の一形態と捉え，その変遷が描かれている。

　森林認証制度が生まれた背景のひとつには，森林伐採により先住民の生活に悪影響が及ばないようにすることがあった。しかし，現実には，境界の厳格化により，先住民の森林利用や暮らしに大きな影響が及ぶようになった過程が記述されている。現場の複雑な環境を単純化し「読みやすく」する科学的林業と，それに基づいて運用される森林認証制度が杓子定規に地域に適用された結果ともいえる。この制度を利用しつつ森林資源を利権として確保しようとする林業局の下で，先住民の知に基づいて従来行われてきた，環境に負荷の少ない「林業」が，大きな打撃を受け，衰退していく様子が報告されている。

　第6章では，サラワクの森林開発をめぐる利権構造がどのような変遷をたどって形成されてきたのかを描いている。里の知というテーマからはやや外れるが，現在の内陸先住民をとりまく森林や里の変化を理解するためには，森林開発がいかなる論理のもとで進められてきたのかを知る必要がある。そこにこの章の役割がある。この章では，とくにサラワク州の州首席大臣，有力な州議会議員やその家族，および伐採企業やプランテーション企業などの相互関係を中心に，サラワクの独立・マレーシア連邦加盟後の政治史と利権構造の変遷史を丹念に追っている。利権が絡んださまざまな政治的闘争を経て，1980年代後半以降，木材資源をめぐる非常に強固な利権構造が構築されたことがわかる。そして，1990年代半ばから早生樹の植林事業（アカシア・プランテーション）が，1990年代後半からはアブラヤシ・プランテーション開発が進められ，それら

をめぐる利権も政権基盤を維持するために利用されるようになった。

このように，1960年代以降のサラワクの森林開発は，劇的な景観変化をもたらすと同時に，先住民による里の利用を制限し里の暮らしを侵食してきた。その過程で土地の権利や環境の劣化をめぐって，政府・開発企業と内陸先住民との対立構図が固定化されていく。こうした構図のなかで，先住民は一方的に搾取される存在として描かれることが多かったが，近年では国内外のNGOの支援を受けつつ，新たな知識や技術を導入した対抗策も身につけてきている。たとえば森林開発が里を侵食することに対抗して，裁判で争う事案が増えているが，そこには先住民自身がGPSを用いて里の領域を測量するという新たな「知」がみられる。近年，熱帯雨林にみられる多様な生物が資源として注目されているが，先住民の知がその探査のために政府によって利用される動きがある。その一方で，先住民も自らの里や森に関する豊富な知識は「知的所有権」として保護されるべきであることを意識するようになっており，知をめぐる新たなせめぎあいも見られるようになってきた。この章は，ボルネオの里をめぐる状況の変化が州・国家の政治動向や，企業活動のグローバル化に大きく影響を受けつつ進んでいることを示している。

以上の全6章を通じて，ボルネオの里やそこでみられる知について明らかになったことをまとめておこう。

本書でいう先住民の知は，先述のように，たとえばTEKとひとくくりにされ呼ばれてきたが，そのあり方はじつに多様であることがわかるだろう。たとえば，地域により，民族や村といった集団により，知識が発達する領域や生態系の利用の仕方は異なっていた（第1章）。同集団内でも動物の禁忌については個人ごとに差異がみられる（第4章）。こういった知に多様性が生じるのは，知の形成の動機が集団や個人が自然現象に対して「腑に落ちる」言説を求めること（第2章）にあるのであれば当然の成り行きなのかもしれない。一方，小泉（第1章）は，多様さが生じる要因を集団ごとの文化の違いに求めている。循環的な表現になるが，知の多様さが文化の多様性を展開させてきたともいえよう。

この多様な里の知は，近年の里をとりまく景観的・社会的な変化による影響

を受けて変容してきている。すべての章で多かれ少なかれ企業によるアブラヤシ・プランテーションの拡大について言及されている。その他にも，企業による木材伐採（第2, 3, 4, 5, 6章），先住民による里でのアブラヤシ栽培（第3, 4章），かつて遊動していた狩猟採集民の定住化（第1, 4章），里から都市への人口流出（第3章）などが社会的な変化として取り上げられている。こうした里やそれをとりまく社会の変化は，先住民の知にも大きな影響を与えてきた。ひとつは，変化に適応するなかで得られた新しい技術や知識が，従来の知と融合した結果，新たな知の体系が蓄積・生成されつつあることである。たとえば，定住化による農業に関する知識の獲得（第1章），アブラヤシ・プランテーションでの新たな狩猟に関する知識（第4章），重機や農薬の利用（第3章），里の権利を守るための裁判闘争やGPSを使った測量技術（第6章）などがみられる。

しかし，一方で，先住民の知の衰退も示された。狩猟採集民の定住化により森に出かける機会が減った女性の植物に関する知識の衰退（第1章），プランテーション化による里のモザイク利用の減少や里の人口減少による知識の衰退（第3, 4章）などである。高い生物多様性を有する熱帯雨林の下で，長い時間をかけて形成された豊かな知が，近年の社会的・景観的な変化のなかで急速に失われつつあることも事実である。

上記のような里やその知の変容に関しては，政府による森林や土地に関する政策・制度が多大な影響を及ぼしていることもボルネオにおけるひとつの特徴であろう（第2, 5, 6章）。その背景には政治家たちが構築してきた強固な利権構造がある。さらにその背景には，資源が国際的な経済・市場と密接に結びついていることがある。経済のグローバル化が進むなか，森林資源をめぐる利権が生じやすい環境にあるのである（第5, 6章）。

本書はおもにボルネオの先住民の観点から，里やその知について論じている。社会の変化やそれに伴う知の変容，資源利用の変化は，必ずしも悪いことばかりではない。以前と比べ一般に先住民の現金収入は増え，教育程度は上がってきた（第3, 4章）。しかし，これまで長年にわたって蓄積されてきた先住民の知があまりにも急速に変容・衰退していくのは彼らにとって望ましくないだろう。それは彼らの誇り，ひいては文化の消失につながっていく（第1, 3章）。本書を通じてみられた大きな社会変化を，これまでの里の景観やそれにかかわ

る知のなかに上手に組み込んでいくことが，今後の課題となるだろう。本書で取り上げてきた先住民の里の知は，現代ではえてして隅におかれ見逃されてしまいがちなものである。ただし，ボルネオの里や先住民の知をめぐる問題は，先にも述べたとおり，私たちが暮らす日本でも類似してみられるものである。本書を手に取っていただいた方が，日本を含めた「里」について考えるきっかけになればと願っている。

注
*1 　細かくみれば，さらにいくつかの里の形態が小規模ながらある。たとえば上流域の盆地・高原には水田稲作を生業の中心に行ってきた人々もいる。
*2 　先住民の権利が生じる地域について，サラワク州政府がどのような判定を行っているのかについては，市川 (2010) を参照。
*3 　本段落の括弧内は，大村 (2002a: 32) の日本語訳に従った。
*4 　ただし，TEK のもつある種の審美性に魅せられ，この点を過大評価してしまうと，安直な西欧科学批判・否定に立ち戻ってしまうという危険性もある (Berkes 1998)。このような TEK と SEK の対立構図はイデオロギーの相違によるものであると大村 (2002b) は指摘する。また，人と自然との「共生」を実現できているとする事例をアジア的自然観の賜物として賛美する姿勢は，かつてのオリエンタリズムの形を変えた焼き直しであるという指摘もある (多和田 2000)。笹岡 (2012) は，地域の人々の知恵を安直に称揚するのでもなく，国家や市場の影響で消えゆくものと悲観するのでもない，冷静なまなざしが必要であると主張している。
*5 　現在の東カリマンタン州の北部に，新たな州として北カリマンタン州が新設される法案が 2012 年 11 月に可決された。北カリマンタン州は 2013 年中には設置予定とされる。
*6 　天然林とは，主として自然の力で形成された森林である。伐採や苗木の植栽など，人の手が入っている場合でも，森林の形成過程が自然によるものであれば天然林という。これに対して，人の手がほとんど入っていないような森林は原生林という。

参考文献
秋道智彌　2002「紛争の海」秋道智彌・岸上伸啓編『紛争の海——水産資源管理の人類学』人文書院, 9-36 頁。
市川昌広　2010「マレーシア・サラワク州の森林開発と管理制度による先住民への影響——永久林と先住慣習地に着目して」市川昌広・生方史数・内藤大輔編『熱帯アジ

アの人々と森林管理制度――現場からのガバナンス論』人文書院, 25-43 頁。
井上真　1997「コモンズとしての熱帯林」『環境社会学研究』3：15-32 頁。
井上真　1995『焼畑と熱帯林』弘文堂。
大村敬一　2002a「『伝統的な生態学知識』という名の神話を超えて」『国立民族学博物館研究報告』27（1）：25-120 頁。
大村敬一　2002b「カナダ極北地域における知識をめぐる抗争」秋道智彌・岸上伸啓編『紛争の海――水産資源管理の人類学』人文書院, 149-167 頁。
笹岡正俊　2012『資源保全の環境人類学』コモンズ。
多和田裕司　2000「『人間・自然関係』の語られ方――マレー世界をめぐる語りを素材として」長崎大学文化環境研究会編『環境と文化――〈文化環境〉の諸相』九州大学出版会, 337-358 頁。
坪内良博　1998『小人口世界の人口誌――東南アジアの風土と社会』京都大学学術出版会。
古川久雄　1992『インドネシアの低湿地』勁草書房。
水野祥子　2006『イギリス帝国からみる環境史――インド支配と森林保護』岩波書店。
湯本貴和　2011「日本列島における『賢明な利用』と重層するガバナンス」湯本貴和編『環境史とは何か』文一総合出版, 11-20 頁。

Berkes, F. 1998. *Sacred ecology: Traditional ecological knowledge and resource management*, Philadelphia: Taylor & Francis.

Berkes, F. 1993. Traditional ecological knowledge in perspective. In Inglis, J. T. (ed.), *Traditional ecological knowledge*, Ottawa: Canadian Museum of Nature and the International Development Research Center, pp.1-9.

Conklin, H. C. 1957. *Hanunóo agriculture: A report on an integral system of shifting cultivation in the Philippines*, FAO.

Ellen, R. ed. 2007. *Modern crises and traditional strategies: Local ecological knowledge in island Southeast Asia* (Studies in Environmental Anthropology and Ethnobiology), Oxford: Berghahn Books.

Freeman, J. D. 1955. *Iban ariculture: A report on the shifting cultivation of hill rice by the Iban of Sarawak*, London: H. M. S. O.

Jordan, B. 1997. Authoritative knowledge and its construction. In Davis-Floyd, R. & Sargent, C. (eds.), *Childbirth and authoritative knowledge: Cross-cultural perspectives*, Berkeley: University of California Press, pp.50-79.

King, V. T. 1993. *The peoples of Borneo*, Cambridge: Blackwell.

Kunstadter, P., Chapman, E. C. & Sabhasri, S. eds. 1978. *Farmers in the forest*,

Honolulu: University Press of Hawaii.

Orlove, B. S. & Brush, S. B. 1996. Anthropology and the conservation of biodiversity. *Annual Reviews of Anthropology* 25: 329-352.

Padoch, C. 1982. *Migration and its alternatives among the Iban of Sarawak.* Leiden: KITLV.

Pasquini, M. W. & Alexander, M. J. 2005. Soil fertility management strategies on the Jos Plateau: The need for integrating 'empirical' and 'scientific' knowledge in agricultural development. *The Geographical Journal* 171 (2) : 112-124.

Richards, P. 1993. Cultivation: Knowledge or performance? In Hobart, M. (ed.), *An anthropological critique of development,* London: Routledge, pp.61-78.

Scott, C. J. 1998. *Seeing like a state: How certain schemes to improve the human condition have failed,* New Haven: Yale University Press.

Stevenson, M. G. 1996. Indigenous knowledge in environmental assessment. *Arctic* 49: 278-291.

第1章 小規模社会で形成される植物知

小泉 都

写真 森林を案内してくれた西プナン男性。倒木についていたウラボシの仲間の着生シダと。小泉都撮影

1-1　はじめに

　この章では，熱帯雨林の人々が自分たちの暮らす環境についてもつ知識そのものの性質をテーマとする。それがどのようなものなのか，ボルネオの人々がもつ植物についての知識の具体例および集団間の知識の比較を通じてみていこう。ただし，ここで目指すのは，そのような知識についてのコンパクトで偏りのない説明ではない。それについては教科書となる良書がすでに多数存在するので，必要があればそれらを参照してほしい。「民族植物学（ethnobotany）」や「民族生物学（ethnobiology）」「民族科学（ethnoscience）」「伝統的知識（traditional knowledge, indigenous knowledge）」「伝統的な生態学知識（traditional ecological knowledge）」「在来知（local knowledge）」などのキーワードで多くの文献を見つけることができるだろう。

　ここで示そうとするのは，いくつかの事例についての詳細な記述であり，またそこから導かれた筆者なりの考察である。それは，読者にとって納得がいくものかもしれないし，あるいは間違っていると感じられるかもしれない。いずれにせよ，多くの読者の方々になんらかの興味をもってもらえれば幸いである。なぜなら，ここで論じようとしたことは，熱帯雨林の特殊な事例にとどまらず，他の地域にもあてはまると思われるからだ。社会や自然環境の変化が著しい現在，自文化や異文化が有する知識の価値について考え，それが今日的状況のなかでどう生かされているのかいないのか，将来的にはどうなっていくのか，どうしたいのかを読者が考えるきっかけになればと期待している。

　本章でははじめに，ボルネオの森林に住む人々が植物についての客観的な知識を相当もっていることを示す。さらに，それがどのようにして形成されてきたのかを示唆する観察事項を紹介し，また個人が知識を習得する段階について考察する。つぎに，異なる集団では植物についての客観的もしくは利用上の知識における異なる領域を発達させていることを示したうえで，知識の発達における自然の制約と文化について議論する。さいごに，自然環境や社会環境の変化に際して新しい知識が獲得されることを示したうえで，文化的な要因によってその知識の活用が阻害されたり，知識の習得自体が阻害されたりする状況も

存在することを示す。

　ところで，本章ではボルネオの人々の植物知識を記述するときに学名を利用した。また種を単位とした分析結果も示した。知識の対象となっているボルネオの植物を直接読者に示すことは不可能ではなくともかなり難しい。しかも，植物を見る訓練を積んだ人でもなければ，実物を見たところでそれがどんな植物なのかすぐに把握できないだろう。そのため，植物を何か識別しやすい記号におきかえることは読者にとっても有益だと思われる。一方，ボルネオの人々の植物の認識は，植物の種に対応させやすい。同じ種の植物を，状況によってAと呼んだりBと呼んだりすることはない。学名が利用できるなら図鑑などでその植物について調べることもできるという意味で，ABCのような記号よりは情報量が多くなってよいだろう。この章に登場する植物は，少なくとも属レベルではよく知られているものが多い。熱帯植物の図鑑が手元になくても，属名や種名をインターネットで検索すれば，よりくわしい説明や写真を見つけられると思う。

1-2　熱帯雨林の多様性と住民の知識——西プナンの事例

　熱帯雨林の住民がもつ生物についての知識を研究しようとするときひとつ気になるのは，この多様性を人々がどのくらい理解しているのかということだろう。熱帯雨林ではすべての生物群が多様だというわけではないが，たとえば樹木は他地域と比べて非常に種数が多い。研究者を含め都市部に暮らす人々でその種類をよく知り見分けられるのは，とくにそれに興味をもつ少数の者に限られている。では，熱帯雨林に暮らす人々はどうだろうか。植物は生活のなかで重要な役割を担っているので彼らが相応の知識をもっていることは予想できるが，どの程度よく知っているのかは調べてみないとわからない。結論を先取りすることになるが，知識のあり方は社会によって相当に異なる。まず，ひとつの事例についてくわしく紹介しよう。

　ここに取り上げるのは，インドネシア東カリマンタン州，カヤン川の支流バハウ川中流域の人口170人の小さな集落に暮らすプナンという人々である。この集落はロング・ブラカ村といい，標高は約300m，山間の川沿いに開かれて

いる（図1-1）。彼らの言語は西プナン語に属し，西プナン語話者はマレーシア，サラワク州を中心に5000人以上存在する。西プナンは森林のなかで暮らす狩猟採集民だったが，1950年代から70年代にかけて村に定住して農業を始めるようになり，現在では野生動植物に加え自給や購入作物も重要な食料となっている。

　筆者はロング・ブラカ村で2002年から2009年にかけて，断続的に調査を行った。予備調査からこの人たちが相当細かく植物に名前をつけていそうだとわかっていたので，名前を手がかりに植物の認識を探っていくことにした。村のなかで植物をよく知っていると目されている大人たちのなかから，調査日ごとに都合のつく人に頼んで集落周辺の森林へ同行してもらい，そこにある植物の名前を教えてもらった。

　森林に入ると，相手は私が何を知りたいのか心得ているので，「これは何か知っているか？」などと植物を指して聞いてくる。「知らない」と答えれば，「これは○○」とプナン語の植物名を教えてくれる。さらに尋ねれば，使い途や名前の由来も教えてくれる。向こうが選んだわけではない植物についても，こちらから「この木に名前ある？」などと聞くこともあった。具体的にどの植物について聞き取ったかの証拠として，対象とした植物の標本を採集した。

　結果に移る前に，「植物」について少し説明しておきたい。西プナン語には日本語の「植物」に相当する言葉がない。ただし，インドネシア語で植物を意味する「トゥンブトゥンブハン（tumbuh-tumbuhan）」は理解している。ここには，種子植物やシダ植物だけでなく，コケ植物，藻類，地衣類，菌類なども含んでもよいと認識されているようだった。調査ではおもな対象を種子植物とし，時折シダ植物や菌類（きのこ）も採集することにした。ただし，シダ植物やきのこは十分に採集できなかったこともあり，一部の分析からは除いた。ちなみに現代生物学の知見によると，種子植物，シダ植物，コケ植物，藻類を含む分類群と菌類はかけ離れた系統関係にあり，生物学の用語としての「植物」には菌類は含まれない。

　さて，彼らは何を観察して植物の種類を判断しているのだろうか。人々が森林で植物を見分ける様子をみていると，離れたところからでも樹種がわかることが多いようなので，まずは樹形などを全体的に観察しているのだろう。至近

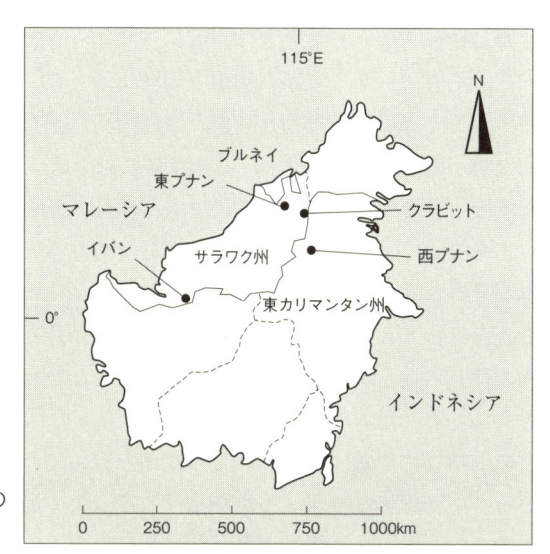

図1-1 西プナン，東プナン，イバン，クラビットの調査村の位置（ボルネオ島）

写真1-1 西プナン。森林でヤシから澱粉を採取しているところ（本文の調査村で，筆者撮影）

距離で樹種を確かめるときは，幹に切れ込みを入れ，樹皮や材，その匂いを調べる。一方で，落ち葉から種類を判断する必要でもない限り，葉をじっくり観察することはほとんどなかった。とはいえ，調査で作成した枝葉などを乾燥させた押し葉標本（腊葉標本）でも容易に見分けられる人たちもいたことから考えると，葉を観察して覚えている人も存在するらしい。ある人は，葉の脈の走り方を覚えているから枯れ葉でも見分けられると言っていた。花は，一部の重要な果樹などを除いて，あまり記憶されていないようだった。森林に落ちている花を拾って「これは何の花？」と聞くと，辺りを見回して花をつけている植物を探し名前を答えてくれるが，見つからない場合は「わからない」と言うこともよくあった。

　また植物の周辺情報についての説明を聞いていると，山のなかや川の近くといった生育環境や，果実や葉を食べにくる鳥や動物などをよく観察していることがわかった。ある個体が具体的にどこに生えているかもよく覚えている。その知識は，とくに利用しない動植物にも及んでいる。狩猟採集のために森林で過ごすとき，有用種に限らず動植物の様子を観察していることがうかがわれた。

　このような調査により，約740種の植物（きのこも含む）について，村の人々に名前や利用法をその有無も含めて聞くことができた（表1-1）。このうち，植物をよく知る人でも名前を知らなかったのは，ランの1種ときのこの2種だけだった。約9割の植物は，種のレベルで名前が区別されていた。

　じつは，はじめから種に対応するようなくわしい名前を聞き取れたわけではない。標本採集を始めてしばらく経ったころ，川沿いの森林でブコユという植物を教えてもらった。アカネ科イクソラ属（*Ixora*）の灌木だった。それ以前に別の人と山の尾根部に行ったときに，同じイクソラ属だが明らかに別種の植物をやはりブコユだと聞いていた。そこで，そのことを同行してくれたおじいさんに話すと，笑って，「それはブコユ・トコン（山ブコユの意）で，これはブコユ・ブ（川ブコユの意）だ」と教えてくれた。ブコユ・トコンの方はフォーク状の食事道具を作るのに適しているが，ブコユ・ブの方は材が柔らかいので使えないという。それ以来，その場でくわしい名前がないか聞くようにし，聞きもらした植物については後日標本を見せながらくわしい名前がないか聞いた。

　ブコユのような名前を一次名，ブコユ・トコンやブコユ・ブのように修飾語

表1-1　西プナンの調査で採集した標本の種数と民俗名での区分の数

分類群	採集種数	うち民俗名のあるもの	民俗名での区分の数
種子植物	691	690	657
シダ植物	20	20	20
菌類（きのこ）	28	26	17

注：野生でみられる種のみを含む。便宜上，亜種や変種も一種として数えている。種が同定できていない標本もあるが，形態的に他の標本と別種と推定できる場合は種として数えている。

表1-2　西プナンの調査で聞き取った種子植物，シダ植物，きのこの民俗名による区分の数

総称区分	およその訳	一次名の区分 全体	うち下位区分をもつもの	二次名の区分 全体	うち下位区分をもつもの	三次名の区分 全体
カユゥ	樹木	344	124 (36%)	421	7 (2%)	13
ラク	つる植物	83	25 (30%)	67	1 (1%)	2
ウロゥ	草本植物	26	4 (15%)	17	0 (0%)	
トブ	ショウガ科	18	7 (39%)	21	2 (10%)	6
アイ	草本植物（イネ科など）	8	0 (0%)			
パクゥ	シダ植物	16	1 (6%)	2	0 (0%)	
クラット	きのこ	30	4 (13%)	9	0 (0%)	
どの総称区分にも属さない		32	16 (50%)	58	2 (3%)	7
不明		8	3 (38%)	12	1 (8%)	3
合計		565	184 (33%)	607	13 (2%)	31

出典：Koizumi and Momose 2007.
注：対象植物を観察できなかった民俗名も含む。野生でみられる（とされた）植物の民俗名のみを含む。四次名をもつものは存在しなかった。同じ植物に対する異名が存在する場合，区分としてはひとつと数えた。本文のラク・シャビット（ラタン）はラクに含まれる。絞殺しイチジクはカユゥの区分に含めた（本文参照）。

が加わった名前を二次名と呼ぶことにしよう。一次名が1種の植物を指すこともあれば，ブコユのように複数種を含み，二次名によってさらに細かく植物を区別することもあった。名前についてのくわしい聞き取りによると，一次名のうち約3分の1が二次名を伴うとされた（表1-2）。

　一次名と二次名の形は，植物の分類を名前によって明示的に表していると捉えられる。複数種の種子植物を含む一次名について，各一次名に含まれる分類群を分析したところ，66％の一次名で属を超えない範囲，16％で属は超えるが科は超えない範囲に収まっていた。この結果は，生物的によく似た植物をグループとして分類する傾向があるといいかえられる。ただし例外的に，余り物カテゴリーといえそうな，雑多な林床の小型植物を含む一次名，系統的にかけ離れた複数種の川岸の灌木を含む一次名が存在した。

　では，利用法との関係からみるとどうだろうか。同じ分類群に含まれる植物は性質の共通性が高く，利用法も似ていることが多い。そのため，生物的に似ていることと，利用法が似ていることを分離して分析できないこともじつは多い。ただし，同じ分類群なのに利用法に違いがみられる植物もあった。たとえば，上記のブコユ・トコンとブコユ・ブがそうだし，モクセイ科ヒトツバタゴ属（*Chionanthus*）の種には薬用のものや薪用のものがあったが，すべてクマニャという一次名を共有していた（表1-3A）。逆に，かけ離れた分類群の植物が，同じ目的に使われるなど人間との関係で共通点を有することは珍しくない。しかし，こういった植物が一次名を共有していたのは，子どもが葉で手を染めて遊ぶ植物，触ると痛い刺をもつ植物など限られた例しかなかった。

　どうしてこのような名前のつけ方になるのか，それがよく理解できることがあった。村のなかでもとくに植物をよく知っている人と山へ行ったとき，その人が一本の大きな木に気づいた。幹に切り込みを入れたり匂いをかいだり，しばらくその木を観察してからこう言った。「この木は知らない。ウブのようだけれど，こんなに大きくなるウブは知らない」。ウブというのはフトモモ科フトモモ属（*Syzygium*）の複数種を含む一次名で，残念ながら標本がないので確実な同定ではないが，このときの植物もフトモモ属だろうと思われた。ちなみに二次名レベルで，ウブ・アラン（楔アラン），ウブ・バル（赤ウブ），ウブ・ルシェン（渋ウブ），ウブ・マリ（禁忌ウブ）など多くのウブがある。

表1-3 西プナンの調査で聞き取った民俗名と利用の例

植物（学名）	民俗名	利用
A：モクセイ科ヒトツバタゴ属（*Chionanthus*）		
C. cuspidatus Blume	クマニャ・バワン	薬用
C. pluriflorus（Knobl.）Kiew	クマニャ・ムン	生木が薪になる
C. porcatus Kiew	クマニャ・マテンダウ	生木が薪になる
C. pubicalyx（Ridl.）Kiew	クマニャ・トゥラン	生木が薪になる
C. macrocarpus Blume	クマニャ・エマ	とくになし（乾けば薪になる）
B：クワ科パンノキ属（*Artocarpus*）パンノキ亜属		
A. odoratissimus Blanco	バシュット	果実食，鉈の柄，薬用，葉包装用
A. kemando Miq.	ブロゥ	果実食，樹液食用
A. integer（Thunb.）Merr.	パドゥック	果実食，建材，吹矢筒，薬用
A. lanceifolius Roxb.	クリラン	果実食，建材，吹矢筒
A. elasticus Reinw. ex Blume	ブンガウ（タルン・トゥバン）	果実食（樹皮布，ロープ，虫よけ）
A. tamaran Becc.	ブライ（タルン・パクゥ）	果実食（樹皮布，ロープ，虫よけ）
A. sp. aff. *tamaran* Becc.	タープ（タルン・タープ）	果実食（樹皮布，ロープ，虫よけ）

出典：BはKoizumi & Momose（2007）を改変。
注：民俗名の括弧内は，幼木時の名前。利用の括弧内は，幼木時の利用法。

　また別の機会に，この人にある植物の名前を聞くと，クバンゴと答えが返ってきた。クバンゴはトウダイグサ科カンコノキ属（*Glochidion*）の一次名で，クバンゴ・カドゥン（染料クバンゴ），クバンゴ・アダン（痒クバンゴ）などの二次名も筆者はすでに知っていた。そこで二次名もあるか聞いてみると，「とくにない。でも，これはいつも山にあるからクバンゴ・トコン（山クバンゴ）と呼んでいい」と言われた。この名前が人々に共有されるようになるかはわからないが，たぶん過去にもこうして植物に名前がつくことはあっただろう。

　このような名前のつけ方は，狭い範囲においても種多様性が高いうえに少し地域を移動すると同属の別種が出現するというボルネオの熱帯雨林で，網羅的に名前をつけるのに適した方法といえるだろう。すべての植物をカテゴリー分けせずに名前をつけていたのでは覚えきれないだろうし，名前を知らない種に出会ったときにそれを呼ぶ名前にも困るだろう。

これを裏返すと，日常的によく使うような植物にはカテゴリーが示されていない名前がついていてもさして困らないだろうという理屈になる。実際，重要な果樹などは，同属の植物が一種一種まったく異なる名前で呼ばれていた。クワ科パンノキ属（*Artocarpus*）の植物は，バシュット，ブロウ，パドゥック，クリラン，ブンガウ，ブライ，タープなどの名前をもつ（表1-3B）。これらの果実の味の違いを説明してくれたおじいさんは，「先祖がこんなふうに名前をつけたから名前を知っているけれど，みんな同じだ（似かよっているの意）」とコメントしてくれた。

　ところで，この似たものどうしと認識されているパンノキ属の植物を総称する言葉があるかというと，ない。ボルネオの森林で優占するフタバガキ科もひとつの仲間として認識されているようだが，総称はない。かなり細かく一次名が分かれているが比較的まとまりのよい植物群について，それらを包括する総称は，ショウガ科に相当するトブと，ラタン（つる性のヤシ）にあたるラク・シャビットしかなかった。

　植物の「名前」として使われる一次名や二次名より上位のカテゴリーを表す言葉は非常に少ない。上記の他には，樹木にあたるカユゥ，つる植物にあたるラク，英語のグラス（grass）にあたりイネ科やカヤツリグサ科を含むアイ，その他の草本植物を指すウロゥ，シダ植物に相当するパクゥ，きのこにあたるクラットが，聞き取れた名称のすべてである（表1-2）。絞殺しイチジクといって，他の樹木の全体を覆うようにつるをはりめぐらし，最終的にはとりついた樹木を枯らしてしまう植物がある。この絞殺しイチジクの他の木に巻きついている部分はラク，直立した幹の部分はカユゥだという。つまりラクやカユゥは，ブコユのような個別の植物や植物群に与えられた名前とは違い，植物の生育様式を表すカテゴリーだと考えるとよいのだろう。

　これで一通り，調査地の人々の植物名ないしは植物分類を説明したことになる。しかし，まだ説明していない非常に興味深いことがある。じつのところ，このような分類は確固たるものではなく，曖昧さや柔軟性を有しているのだ。とくに二次名については，植物をよく知る人たちの間でも意見が異なったり，一人の人の同定が揺れたりすることがある。日常会話を聞いていると，これも無理のないことのように思われる。普段の会話には，ほとんど一次名しか出て

こない。むしろ，揺れはあっても二次名がそれなりに人々の間で共有されていることが不思議に感じられる。親は子どもに二次名も教えるというので，私がブコユ・トコンとブコユ・ブを学んだときのように，時期がきて子どもが興味をもてば一歩進んだ名前を教え始めるのかもしれない。

あるとき，子どもから老人まで多くの人に，森林から採集してきた植物の標本をみせて名前を答えてもらうというテストを行った。10歳くらいの子どもたちのなかには，ほとんど答えられない子も，果敢にどんどん名前を答える子もいたが，どちらにしても正答率は非常に低かった。間違いを含めて子どもたちが答えた名前からは，限られた一次名しか知らないこと，二次名の形は知っている子どももどんな修飾語が二次名によく用いられるのかというパターンは理解していないことが推察できた。子どもたちが修飾語に使ったのは，バ（森林），ボカン（焼畑跡地）という対比だったが，これは実際にはごく限られた植物名にしか使われていない。植物の生育環境を表す修飾語でよく使われるのは，トコン（山），パヤ（分水嶺），ダトゥ（裾野），ブ（川）など森林のなかでの環境を区別する言葉だ（表1-4）。

これが20歳代の青年になると，一次名レベルでの正答率が上がり，二次名

表1-4 西プナンの調査で聞き取った二次名に多く使われていた修飾語の例

修飾語	およその訳	二次名数
ムン	本当の	53
トコン	山	49
バル	赤	34
シィック	小さい	31
パヤ	分水嶺	31
ブ	川	30
ジャウ	大きい	27
ポティ	白い	27
ダトゥ	裾野	24

出典：Koizumi & Momose（2007）を改変。
注：二次名数は，同一の植物を表す異名も含めて701の二次名中にその装飾語が使われていた回数。

のパターンも理解していると考えられる答えが返ってきた。しかし，二次名レベルでは代表的なものしか知らず，認知度の低いものは存在すら知らないこともあった。30歳代以降になると，少なくとも男性は，答えの正確さに差はあるものの表現上はもっともらしい名前を答えてくれた。

ところで，村で定住している現在，子どもと子育て中の女性は森林に行く機会がそれほど多くない。子どもは10歳代半ばくらいになってやっと，それもほとんど男の子に限られるが，大人に連れられて森林に狩猟採集に行く機会が増えてくる。森林で暮らしていたころに比べて，植物や植物名を覚えるのが遅れているかもしれない。だが，学ぶ段階は昔から現在と同じようなものではなかっただろうか。まず代表的な植物とその一次名を覚え，徐々により認知度の低い植物や二次名の知識も増やし，自文化における植物についての基礎知識と知識を位置づける枠組みを身につけたところで，そこに自分の観察を付け加えていく——というふうに私は学習段階を仮説的に考えている。

この人たちの植物文化という意味でもうひとつ触れておきたいのは，彼らは「プナンは森林のすべての植物を知っている」という誇りをもっていることだ。たとえ自分が知らない植物があっても，誰か他の人，老人か自分の妻や夫は知っているはずだと言う。ただしなかには，森林のすべての動植物を知っている人がいたがもう死んでしまい，今の人はその人にはかなわないなどと言う人もいる。どちらにしても森林の植物のすべてに自分たちの言語で名前があるのが本来の状態だと思っていることに変わりはないし，実利的にはすべての植物の名前を覚える必要はないはずだが，そのような知識をもつことにとくに疑問を感じない文化を共有しているといえるだろう。

1-3　集団間の比較

前節で西プナンの例をくわしく紹介したが，つぎに他の集団の人々がもつ知識との比較を行いたい。ここで「民族間」比較としていないのにはわけがある。生物知識についての調査は村落単位で実施されることが多いのだが，詳細な調査となると一村の調査に研究者一人で数年を要する。このため同一民族の複数の村落について，知識の共有度や変異を十分に分析できるだけのデータがとら

れていることはほとんどない。事実上可能な比較は民族Aの村落xと民族Bの村落yといった場合が多い。

1-3-1　東プナンとの比較

　はじめの比較対象として，先の西プナン語に対して，これに近い東プナン語を話すグループを取り上げる。東プナン語の話者は，サラワク州を中心に7000人程度存在する。やはり森林に暮らす狩猟採集民だったが，現在ではほとんどの人たちが定住している。筆者はいくつかの村を訪れる機会を得たが，村の様子や植物知識にかなりの変異がみられた。残念ながら，筆者はこの変異やその背景を十分に理解するためのデータをもたない。訪問村のうち，唯一標本採集を伴う調査を実施したバトゥ・ブンガン村を対象に話を進めよう。

　バトゥ・ブンガン村はトゥト川の支流メリナウ川を挟んでグヌン・ムル国立公園に隣接し，標高は約50m，人口は約170人で先のロング・ブラカ村とほぼ同じである（図1-1）。彼らの遊動域の国立公園化に伴い，1970年代の終わりに国立公園外への移住を余儀なくされ，その後政府によってサラワク州で一般的な長屋様式の住居，診療所や小学校なども建設された。定住化はロング・ブラカ村の人々にやや遅れるが，観光地化された国立公園のベースキャンプに近いという立地から外部の人との接触も多い。

　言語的な近さから西プナンの人々と同質の知識を予想し，西プナンの村で用いたのと同様の方法で調査を行おうとしたところ，まったく異なる反応に驚かされた。植物について教えてもらうために森林に行くと，薬用植物ばかりを選んで教えてくれる。薬効について話すばかりでこちらから聞かないと名前は言わないし，薬効は知っていても名前は知らないこともあった。薬用植物以外も知りたいと説明しても，なかなかそれが伝わらない。こちらから植物を選んで「これは何？」と尋ねると，「それは薬ではない」と答えたりする。どうも植物名にはあまり関心がないようだった。

　さらに，標本をみせての同定テストを試みたが，これは不適切な調査方法だと途中で諦めざるをえなかった。調査の目的を説明しても，同じ植物の名前をたくさんの人に聞こうとする態度は理解しがたいものらしく，「私はよく知らない，○○さんに聞いたらいい」「△△さんにはもう聞いたのか」などと言っ

て参加を避けようとする。参加してくれた人でも「どうでもいいものがいっぱい，使わないものがいっぱい」と戸惑ったりする。同定テスト後に，「知らないから，名前をつくった（適当に答えておいたの意）」と他の人に話している人までいた。

　植物への興味のもち方の違いは，薬用植物の知識や植物名にも反映されていた。先の西プナンの村ではより徹底した調査を行い約740種を採集したが，薬用は56種（8%）しかなかった。適応症状も，発熱，頭痛，下痢などごく一般的な症状がほとんどだった。一方，このムルの東プナンの例では，採集できた標本約250種のうち49種（20%）が薬用とされた。適応症状は上記のようなものに加え，かすみ目，おでき，白癬（はくせん）（真菌感染による皮膚病），ヘビ咬傷など範囲がより広かった。

　名前については，名前のない植物こそ限られていたものの，名前の細かさが網羅的ではなかった。一次名が1種しか含まない場合は西プナンの例と変わりないが，一次名が複数種を含む場合でも二次名による区別をしないことが多い。たとえば，フトモモ科フトモモ属（西プナンのウブ）はまとめてウバと呼ばれるが，種まで区別する名前はなかった。聞き取った245の一次名のうち，さらに二次名で区別されるものは18名（7%）だった。また薬用との関係については，プナワット（毒消し），タワン（薬）などの語が名前に含まれており薬用であることが明示されているものが薬用植物49種中17種もあった。プナワット - ウブイ（毒消しイモ，複合語の一次名）といった具合である。ただし，薬用植物だからといって名前で細かく区別されているわけではなかった。ちなみに西プナンの例では，薬用性が明示された名前は2名しかなかった。

1-3-2　農耕民との比較

　つぎに，同じボルネオ島の先住民だが伝統的な生業が異なるふたつの民族の人々を取り上げよう。イバンは焼畑稲作を中心とした生業体系をもつ民族で，サラワク州を中心に人口は60万を超える。クラビットは高原地域で水田稲作を中心とした生業活動を営んできた民族で，サラワク州に5000人程度の人口をもつ。現在ではどちらの民族でも村から出て都市でさまざまな職業に就く人が多いが，自然の豊かな地域で農業を中心とした生活を営む人も存在する。

写真1-2 東プナン。森林からラタンを採集してきたところ（本文の調査村で、筆者撮影）

写真1-3 クラビット。籠を編んでいるところ（本文の調査村ではない。筆者撮影）

写真1-4 イバン。箕を編んでいるところ（本文の調査村ではない。市川昌広撮影）

サラワク州の自然が豊かな地域で，イバンとクラビットの各一村において有用植物・菌類についての知識を網羅的に調査した研究がある（Christensen 2002）（図1-1）。イバンが暮らすナンガ・スンパ村は，バタンアイ川の支流デロック川上流に位置し，標高150m，人口は160～170人である。クラビットが暮らすパ・ダリ村は，クラビット高原にあり，標高950m，人口140～150人。どちらの村も人口は西プナンの調査村と同程度といってよいだろう。ここまではおもに名前から植物に対する認識をみてきたが，ここでは有用とされる植物（きのこを含む）から各集団の知識のあり方をみていきたい。分析を簡単にするため野生種にしぼって，イバン，クラビット，西プナンを比較してみよう。
　まず合計種数からみると，表1-5にあるように各集団の調査で同程度の有用種が記録された。農耕民でも野生種をかなりよく知っており，3集団は量的に同程度の知識をもっているといえなくもないだろう。しかし，利用区分ごとにみていくとかなりの違いもある。

食用

　食用の区分をみると，イバンが非常に多くの有用種をあげており，クラビット，西プナンと続く。イバンとクラビットを比べると，きのこなど一部を除いて食用の各区分でもイバンの方が多くの種をあげている。このことについてイバンとクラビットの調査を行ったクリステンセン（Christensen 2002, 以下同様）は，調査地の植生の違いよりも，食物に関してイバンは好奇心旺盛でクラビットは保守的だという民族性の違いが大きく影響しているのではないかと推測している。
　では，西プナンもクラビットのように食物に関して保守的なのかというと，それとは異なる次元で食文化に違いがあるのではないかと思われる。果実の区分の種数はクラビットよりもかなり多い。じつは，名前は聞き取ったが植物を観察できず表1-5の数に含められなかった可食果実をもつ植物が，西プナン名で64種類存在する。これが正確に何種に相当するかは不明だが，イバンに並ぶ可能性も高い。
　その一方で種子植物の緑葉の食用への利用は，西プナンではコショウ科コショウ属（Piper）1種しかなかった。また調味料として利用する植物もツヅラ

表1-5 西プナン，イバン，クラビットのそれぞれ一集落において知られている有用植物と菌類の種数

利用区分	西プナン	イバン	クラビット
食用	201	327	239
食料品	193	291	215
ヤシ澱粉	5	2	2
果物（ナッツも含む）	153	202	112
新芽・茎（白い部分）	25	53	37
種子植物の緑葉	1	59	22
シダ植物の葉	9	11	8
キノコ	13	19	38
その他（花・樹液・根など）	4	12	13
調味料[a]	2	20	16
飲料水（つる植物の樹液）	12	24	10
建材・道具（物理的利用）	321	236	181
建築（家・ボート・小屋など）用の木材	64	94	57
道具用の木材	160	59	58
吹矢筒	28	3	1
槍	34	8	4
刃物ほか道具類の柄	59	29	34
その他[b]	79	29	31
建築・籠・マット・ロープ用のラタンや竹	20	36	22
壁・屋根・包装・ロープ・布用の樹皮	41	14	16
籠・ロープ用の木材	0	8	1
籠・マット・ロープ用の茎	5	11	9
屋根・マット・ロープ用の葉	10	14	18
包装用の葉	39	11	14
その他道具用の非木材[c]	31	26	43
道具製作用[d]	4	7	8
薬用・その他化学的利用	90	156	192
薬用	56	92	149
人用	54	84	134
動物用	5	15	22
刺激物	7	18	10
有用毒物	14	31	22
矢毒[e]	4	8	8
魚毒	3	4	11
殺虫剤・虫よけ	8	20	8
染料	7	25	16
硬化・防水	2	1	1
美容・衛生[f]	11	28	4
薪[g]	72	100	86
信仰（儀礼）・呪術[h]	6	82	91
合計	540	577	550

出典：Koizumi & Momose 2007（西プナンについてはオリジナルなデータとPuri (2005a)，イバンとクラビットについてはChristensen (2002) をもとに集計したもの）

注：野生でみられる種のみを含む。直接的な利用のみを扱っている（猟場としての利用などは含まない）。民俗名は聞き取ったが，調査で観察できていない植物は含まない（種が確認できないため）。ある利用区分において，複数の部位が利用できる植物（薬用に多い）であっても，1種として数えている。ある上位区分の複数の下位区分で利用される植物であっても，上位区分では1種として数えている（延べ数ではない）。
[a] 同じ植物の同じ部位が，調味料としてだけでなく果物や野菜として利用されるものは除く。
[b] 櫂，ボート用の竿，掘り棒，杖，鉈の鞘，臼，料理・食事用品，機織り道具，楽器，棺桶，その他。
[c] 竹製の道具，吹矢，火おこし用繊維，生垣，箒，スポンジ，蠟燭，松明，釣り餌，装飾品，玩具，その他。
[d] 固定・密閉用の樹液・樹脂，填塞用の樹皮・葉，やすり用の葉・茎，仕上げやすり用の竹。
[e] 毒性・非毒性（毒を効きやすくする）の矢毒の材料を含む。
[f] 香料，石鹸代用品，整髪料。
[g] 乾燥させずに利用できるもの，集落でよく利用するもの，炭用のものを含む。
[h] Christensen (2002) の区分による。各集団の伝統的な信仰に基づく働きをもつ植物がここに含まれる。

フジ科の2種のみだった。イバンやクラビットがこれらの用途にあげた植物のうち，種子植物の緑葉野菜の11種と調味料の3種は西プナンの調査地でも採集されたが，同用途への利用はなかった。西プナンもシダの緑葉は普段から食べているし，現在ではキャッサバなど栽培植物の緑葉も食べているのだが，野生の種子植物のなかから美味しい緑葉を見つけて食べようという発想はほとんどないのではなかろうか。調味料についても，ショウガ科の植物の茎には香りがあり魚と一緒に調理して食べるとよく合うと言ったりもするのだが，料理の味つけは基本的に非常にシンプルだ。さまざまな調味料が購入できる現在でも，日常的に利用するのは塩とグルタミン酸と油のみである。調味料としてあがった植物はグルタミン酸のかわりに使えるというもので，刺激や芳香はない。スパイスやハーブに類するもので味つけしようとする文化がなかったといってよいだろう。

　ところで，果実の区分をもう一度みてほしい。この区分にどの集団ももっとも多くの種をあげている。しかし「食べられる」という程度で，森林で見かけても大人は食べも採集もせず，子どもが口にする程度の種が多い。西プナンの場合，表1-5にあがった153種のうち重要な果実だとされたのはわずか34種（22％）だった。「利用できる」は「（よく）利用する」を意味するとは限らないのだ。これはイバンやクラビットでも同様らしい。

　また，ある区分における利用可能種数とそこに含まれる植物の重要性も比例しない。ヤシ澱粉は米食を始める前の西プナンにとって年間を通じて採集可能な主食だった。西プナンは，調査村付近ではみられないものや栽培種も含めて民俗名で10種類の澱粉が採取できるヤシを知っていた。澱粉が採取できるヤシはボルネオ島に十数種ほどしか存在しないと考えられることから，彼らの移動範囲に存在する種はほとんど網羅的に知っているといってもよさそうな状態だが，絶対値では表1-5のなかでも目立たない数になっている。農耕民にとっては米が不足したときの救荒食的な位置づけであまり利用しないが，数の差からは大きな違いがみえてこない。

物理的利用

　材の強度など植物の物理的な性質を利用した用途においては，西プナンが圧

倒的に多くの種をあげている。そして，イバン，クラビットの順となっている。後者2集団の順位に関しては，植生の違いが大きく影響している可能性がある。イバンでは建築用の木材を得るための主要な植物群はフタバガキ科だが，クリステンセンによると高地に位置するクラビットの村周辺はフタバガキ科樹木に乏しく利用可能なものは1種しかない。また籠などに加工するラタンも，イバンの居住地域と比べれば種数は少ないようだ。

　これに対して，西プナンの調査地ではイバンの調査地よりもさらに種数が豊富ということはなさそうである。生業も含め文化的な要因がより大きいと考えられる。まず，道具用の材木に多くの種があげられているが，この理由を考えてみよう。食生活における野生動物の重要性が高いため狩猟道具の重要性も高い，あるいは道具類の製作販売が重要な収入源になっているなどの背景はある。しかし，食用の項でも説明したように，利用区分の重要性と有用種数は必ずしも比例しないのでこれだけでは理由にならない。ところで，果実で説明したのと同様，すべての種がよく利用されているわけではない。たとえば，吹矢筒用に28種があがっているが，この目的にとくに適した材をもつとされよく利用されるのは10種程度である。西プナンはさまざまな樹木の材の性質を，建材のみならず道具への利用の可能性と結びつけて考える習慣があるのではないか。だからこそ，質の低いものまで含めて，利用の可能性がある植物を数多く知っているのではないだろうか。

　もうひとつ特徴的なのは，軽建築やロープなどに利用する樹皮，食料などを包むのに適した葉を西プナンがたくさんあげていることだ。どちらも一時的な用途だが，森林のなかでそのような用途に使える植物がすぐに見つかれば手軽で便利には違いない。推測になるが，持ち物の少ない森林の狩猟採集民時代の生活が，そういった簡便な用途にも気を配りやすくしていたのかもしれない。

化学的利用

　植物の含む化学物質を活用していると考えられる用途では，逆に西プナンが3集団のなかでもっとも少ない種類しかあげていない。目立つのは，人間に適用する薬用植物の3集団の差である。圧倒的多種を知るクラビットだが，クリステンセンの聞き取りによると，1950年代にキリスト教に改宗したときに伝

統的な薬用植物の知識もほとんど捨ててしまったのだという。伝統的な疾病観や治療が，キリスト教への改宗以前の信仰と結びついていたためだ。しかし，村の数人の男性がクラビットと文化的に近いルンバワンという国境をはさんでインドネシア側の高地に暮らす集団の薬用植物師たちに学び，相当な知識を取り戻すことができた。薬用植物師とは，とくに薬用植物の知識にたけた村人で，他の村人に頼まれて薬草を処方するような人のことをいう。

　イバンの調査村ではキリスト教に改宗した人は少ないのだが，長年薬用植物師がいない状態が続いており，このため自分たちの村で知られている薬用植物の種類が少なくなっていると村人たちは考えているそうだ。それでも84種もの野生植物があげられていることから，薬用植物師にはかなわないまでも，普通の村人でもかなりよく薬用植物を知っているといえよう。

　これらに対して，西プナンのあいだでは昔から薬用植物師は存在しない。ひどい怪我の治療には，怪我治療の得意な人が呼ばれることがあるが，治療方法は湯で傷口をきれいに洗い流した後，止血用にパンノキ属の樹皮を適当な期間当てておき，その後サトイモ科の一種の根茎から絞った汁を土と混ぜて熱し患部に塗るだけだという。また病気や怪我がなかなか治らないときや病人が深刻な状態のときには，治療儀礼を執り行うこともあるが，植物は利用されず歌によって精霊との交信が行われるだけである。

　このような文化的な要因だけでなく，生態的な要因も関係している可能性がある。定着度の高い集団生活を営んできた農耕民に比べ，小集団に分かれて森林を移動していたボルネオの狩猟採集民は，集団生活で広がりやすいマラリアやその他の感染症に悩まされることが少なかったと考えられている（Knapen 1998）。ブルネイの東プナンの村で行われた疾病観の調査によると，定住後に感染症に罹ることが増えたと村人は感じていたという（Voeks & Sercombe 2000）。狩猟採集民は，農耕民ほど薬用植物を必要としていなかったのかもしれない。

　薬用植物ほど特徴的ではないが，染料植物はイバンが他集団よりも多くの植物を利用している。これは3民族のなかで，イバンだけが綿の染色と機織りの伝統をもっていることによる。染料植物の綿染色以外の主な用途はラタンの染色である。

薪

　薪の区分には，薪や炭に適している，よく使われるとされた樹種のみを含めた。西プナンの調査では樹木の利用法を聞いたときに，「とくに使わない，薪になるだけ」という答え方をされることがよくあった。有害な煙を出すとされるもの以外，よく材が乾いてさえいればどんな木でも燃やすことができるからだ。そこで西プナンについては，集落でよく利用されるもの，生木のまま燃やせるもの，炭にするものを表1-5に含めることにした。後者2タイプの樹木にも集落でよく利用されるものがある。炭という利用法がない以外，イバンとクラビットでも同様の範囲の樹木が表に含まれている。

　集落で利用する薪は，どの集団でも集落周辺の二次植生から採集してくる。イバン，クラビットからの聞き取りによると，割りやすく，乾きやすく，火が付きやすく，長く燃える重い木が薪向きなのだという。開放地にすばやく定着して早く育つ樹木がおもに利用されている点で，3集団はよく似ている。

　全体としてみると集団間に際立った差はないが，くわしくみると違いはある。まず，西プナンは鍛冶仕事で刃物を作って売っているため炭を必要としている。ただ種数上の違いは大きくなく，炭に利用される樹木は2種である。

　生木のまま燃やせるものは，森林でキャンプをしているときに重宝する。西プナンはこの性質をもつ樹木として65種をあげた。一方，イバンは20種足らず，クラビットは7種ほどしかあげていない。伝統的な生活様式に起因すると考えられる違いが存在するようだ。ただしイバンとクラビットの調査によると，このタイプの樹木は焼畑の火入れ時，とくに木が乾ききっていないときにも役立つという。

信仰・呪術

　信仰・呪術の区分では，西プナンと農耕民2集団との決定的な違いがみられる。西プナンの利用植物の少なさは，彼らが精霊などを信じていないためではない。激しい雨のときなどよく，年配の人が精霊になぜそんなことをするんだと声に出して文句をつける。そんなふうに精霊と交信するのは日常的行為である。ただし，ここに植物を介在させることはない。また，イバンやクラビットではこの区分の植物の多くは米や人を悪い精霊や呪術から護るための儀礼など

に使われるのだが，西プナンは複雑な儀礼の伝統をもたないし，かつては米も栽培していなかった。西プナンで記録された植物は，精霊から人を護る2種，タブーに関係する2種，占いに用いられる1種，疲れた人を元気にする力をもつ1種のみだった。

　集団間比較から離れるが，クリステンセンによるとイバンやクラビットのこの区分における知識は失われつつあるという。イバンの調査村では伝統的な信仰が保たれているが，学童期の平日は学校やその寮で過ごすため古い伝統にふれる機会が減っている。イバンの大きな祭りであるガワイでも，村には儀式をきちんと執りしきることのできる人材がなく，インドネシア側にある別の村から人を頼むという。クラビットの調査村では，先にもふれたとおりキリスト教に改宗して数十年が経つため，老人が断片的な知識をもつだけになってしまった。ただし，一部の人は呪術に対抗する植物や異性を惹きつける植物を今でも利用しているそうだ。

1-3-3　自然による制約と文化的に方向づけられた知識の発達

　ここまで集団間の違いを強調しながら比較結果をみてきたが，ボルネオの先住民の村々を実際に訪れると，利用植物の共通性の方がむしろ目立つかもしれない。果物の季節ともなれば，どの村でもどの民族でも同じような果物を食べている。美味しくてたくさん量がとれる果物の種類など，ボルネオの全植物種からみればごく一部にすぎない。集団間で利用種が似通ってくるのも不思議はない。さらに，こういった果実種は原生林でもみられるが，集落周辺など人が利用してきた場所でとくに密度が高い（Puri 2005b）。果物を食べたときに美味しければ集落や焼畑跡に種を植えたり，焼畑地やキャンプ地で果物の種を無造作に捨てたりすることはよくある。こうして，人間にとって好ましい果物はますます人間の周りで増えて利用されるようになっていく。

　アフリカの熱帯雨林に暮らすムブティとエフェのピグミー系4集団の植物知識を比較したところ，食用植物で利用種の共通性が高く，薬用植物で低いという結果が出たそうだ（Terashima & Ichikawa 2003）。食用として適しているかどうかをピグミーが判断する基準は，美味しさやカロリーの豊富さなど植物の性質に大きく依存していると論文の著者らは考察している。それでは逆に考え

ると，薬用に適しているかどうかの判断は薬用成分に規定されないことが多いのだろうか。そういう面はあるのかもしれない。ナマズを食べたことで起こるとされる病気に，ナマズのようにするどい刺をもつ植物を利用するという。同時に，ある薬が効くかどうかは個人によるとするピグミーの文化も影響していると思われる（服部 2012）。ピグミーは「私の薬」「彼女の薬」といった表現を使い，ある人の病気を治した薬が他の人にも効くかどうかはわからないと考えているという。秘密というわけではないが，個人的な経験から学んだ薬用植物についての知識を集団全体で共有するような機会もあまりなく，集団内でも薬用知識の個人差は大きい。こういった状況では，集団間で利用植物があまり重複しなくても当然だろう。

　植物知識を自然による制約と文化による方向づけという視点からまとめてみよう。即物的な利用に関する場合，糖質や脂質の含有量，材の強度など，植物が利用に適した物理化学的な性質を備えている必要がある。とくによい性質をもち，どこででもみられるような植物は，知識の伝達もしくは独立の発見によって，異なる集団で共通して利用されるようになるだろう。そのような植物によって生存のために日常的に必要なもの——獲物をとるための道具，お腹を満たすための食料，雨をしのぐための住居など——がほとんど満たされることだろう。

　一方で，集団間で大きな違いがみられる部分もある。西プナンと東プナンは，同じ狩猟採集を中心とした生業体系をもち，ボルネオの低地熱帯雨林というよく似た自然環境を利用してきたにもかかわらず，植物への興味のもち方ひいては薬用植物の知識や植物の名前のつけ方に違いがあった。西プナンと農耕民 2 集団の比較においては，西プナンは植物の調味料としての利用や種子植物の緑葉の食用としての利用の可能性をあまり追求してこなかったように見受けられた。西プナンが，精霊と交信するために植物を利用することがないのも特徴的だった。

　知識がなければ熱帯雨林から生きる糧を得ることはできないが，知識は生理的な生存上の必要性からのみ発達するものではない。西プナンが森林の植物に網羅的に名前をつけようとする姿勢をもつことや，西プナンや農耕民が質が低くほとんど利用しない「有用植物」を多く知っていること，集団間で自然環境や生業体系に基づくとは考えにくい植物知識の違いがあることなどがこれを例

証している。植物への興味のもち方や知識の枠組みは集団によって異なっており，それに沿って個人の学習が方向づけられ，さらには集団に蓄積される知識が方向づけられるのではないだろうか。その結果，それぞれの集団は互いに異なる文化的に豊かな植物知識を発達させてきたのだろう。

1-4　生活の変化と住民の知識

この最終節では，生活の変化と知識の関係をみていきたい。再び西プナンの植物名から話を始め，新しい環境への対応がうまくいかない場合についても取り上げる。

1-4-1　西プナンが出会った新しい植物

ロング・ブラカ村の住民も含めて，現在インドネシア側に暮らす西プナンは，19世紀の終わりごろにマレーシア側のバラム川上流地域から移動してきた人々の子孫である（Puri 2005a）。ボルネオの狩猟採集民は森林のなかを遊動しながら暮らしてきたが，集団ごとに遊動域というものが存在する。ただし，資源の豊かな場所を探して，大きな移動を敢行することもある。インドネシア側への移動もそういった大きな移動だった。

それだけ移動すれば，植生タイプはほぼ同じでも，種レベルでは今まで馴染みのなかった植物にいくつも出会ったはずだ。そんな経験の名残りではないかと思われる植物名がある。シュラポックというのはショウガ科ハナミョウガ属（*Alpinia*）の植物を指す一次名だが，二次名のひとつにシュラポック・ルダ（ルダ川シュラポック）というものがある。ルダはロング・ブラカ村の前を流れる川の現地名で，あるシュラポック（*Alpinia mutica* Roxb.）がこの川の岸辺に多いことに由来する名前だと村人は解釈していた。マレーシア側にいたころから馴染みのあった植物ならもとから名前が存在しただろうが，移動してきて出会った植物であったためこんな名前がついたのだろう。

ところで，シュラポック-ラク（つるシュラポック，複合語の一次名）という植物もある。これは，トケイソウ科のクサトケイソウ（*Passiflora foetida* L.）というアメリカ熱帯原産の外来種で，少し湿った明るい場所で地面を這っている

のが普通にみられる。ショウガ科との類縁関係はなく，形態的にもほとんど似ていない。この植物を説明してくれた人の解釈によると，シュラポックではないし，単にシュラポックと呼ぶこともできないが，果実の形がシュラポックに似ていることに由来する名前だという。やはりアメリカ熱帯原産の外来種で，イネ科スズメノヒエ属の一種（*Paspalum conjugatum* Berg.）がある。これは，ウロゥ-ブランダ（オランダ草，複合語の一次名）と呼ばれている。現在インドネシアとなっている地域はかつてオランダ領だったのだが，オランダ人がやってきてから増えた草だからこう呼ぶと解釈されていた。

　ボルネオ内の移動によって出会う植物は，馴染みのある植物の仲間であることが多いが，外来種の場合はその植物の仲間がたくさん存在するわけではないことも多い。在来種の場合，その植物の属すべき一次名カテゴリーを判断して二次名をつけるという規則的な名づけがふつうは可能である。一方，外来種の場合はそれが難しく，一次名レベルでその植物の特徴を説明するような名前がつくことになるのだろう。

　つぎに，農作物の名前をみてみよう。農作はインドネシア側への移動後半世紀を経て始まった。それでも，ロング・ブラカ村の調査で品種名も含め150を超える名前が記録できた。

　一次名には大きく分けてふたつのタイプがあった。ひとつは，昔から使われてきたと思われるもので，インドネシア語やインドネシア側への移動後の隣人である農耕民のクニャの諸方言とは異なっている。たとえばバナナは，インドネシア語でピサン，クニャ語でプティ，フティなどというが，西プナン語ではバラックとまったく異なる。またイネは，インドネシア語でパディ，クニャ語ではパダイ，パデイ，ファダイなどというが，西プナン語ではパライと似ているが音韻的特徴が異なる。もともとは農耕民の言語から取り入れたのだとしても，農耕を始める以前のことだと推定できる。もうひとつは，比較的最近受け入れたと思われるインドネシア語そのままの名前である。たとえばトマトは，インドネシア語でトマットというが，西プナン語でもトマットだ。

　品種名は二次名で表されるが，こちらには相当クニャ語が入り込んでいる。筆者が気に入っていた米の品種に，パライ・シャインというものがあったが，パライは上記の通り西プナン語のイネ，シャインはクニャ語の一方言で遅いの

第1章　小規模社会で形成される植物知　　49

意である．遅いは西プナン語にするとロビというので，二次名全体を西プナン語風にするとパライ・ロビとなる．修飾語部分について，人名由来のものはともかく，西プナン語に翻訳可能な場合も例のようにほとんどクニャ語をそのまま使用していた．うるち米37品種の名前を聞き取ったが，修飾語部分が西プナン語になっていたのは4品種だけだった．これらの米の品種は，すべてクニャを通じて入手したものだそうだ．

ちなみに，うるち米37品種のなかでロング・ブラカ村で最近に植えたことがあるというのは10品種程度で，筆者が数年間この村に通っていた間に植えられていたのはほぼ3品種に限られ，一世帯が植えるのは1～2品種だった．とくに聞いてみなかったが，植えていない品種を保存している様子もなかった．農耕民ではもう少したくさんの品種を保存して植えているようだが，ロング・ブラカ村の場合，品種を知っていることと植えていることの間には非常に大きな差が存在した．

この項のテーマからは外れるが，ひとつ触れておきたいことがある．森林の植物に加えて，栽培植物の知識まで新しく得て，西プナンの植物知識は増えていくばかりかというと，そうともいいきれない．森林から出て川沿いの村に定住するという生活様式をとるようになり，多くの女性は森林で過ごす時間が少なくなってしまった．村で子どもの世話をしたり，ラタンの籠を編んだりしながら，夫が森林から帰ってくるのを待っている．一部の年配の女性を除いて，彼女たちの森林植物についての知識は非常に乏しい．森林植物を見る目もないといってよい状態だ．

森林のことを知らないかわりに農作業に熱心かというと，そういうことはない．どちらかというと，森林植物の知識もあるような女性に農作業をきちんとこなす人が多い．森林についても学べず，農業についても熟練しない状態では，一人の女性がもつ植物についての知識は全体として減ってさえいるかもしれない．

男性が森林へ行くのをやめる兆候は今のところない．しかし，もしそのようなことがあれば，森林の知識はすみやかに集団から失われていくだろう．住民の知識は，日常生活と切り離された状態で維持されるようなものではない．知識を失うことは，農耕民よりもはるかによく森林を知っているというプナンの

文化的な自信が失われることでもある。村をベースとした生活における農業や商業や学業で，これを補ってあまりある進展を遂げられればよいのだが，そうでなければ農耕民にあらゆる面で劣った人たちとみなされる危険がある。

1-4-2　文化が阻害要因となるとき

　ロン・ブラカ村の人たちは，米の品種もよく知っている。農作業の手順もよく知っている。それを実行する技能もある。しかし村は毎年米不足に陥る（Koizumi et al. 2012）。収穫から半年も経つと，村中で自給米が尽きる。プナンは分配を美徳とし，収穫がよかった世帯も，他世帯に米を分けざるをえないため米がなくなる。そして村人たちは米を買う現金を得るために奔走し始める。ロン・ブラカ村の人々は，老人も含めてすっかり米に馴染んでおり，かわりに獣肉や果物でもたっぷりない限り，米のない生活は苦痛らしい。

　なぜ収穫が悪かったのかと問えば，シカやサルに食べられたからなどの答えが返ってくるだろう。しかし本当の理由は，播種が済んだ後，すぐに収入につながるような別の仕事にかかりきりになり，除草や見張りなど必要な作業を怠ってしまうことにある。これでは，米の不作と農作業の放棄の悪循環である。解決策として，農繁期ではない時期に働いてお金を用意しておくという方法も考えられる。しかし，分配を美徳とする社会において，現金を貯めておくことは容易ではない。収入は即座に米，砂糖，コーヒーなどに変わり，分配され，すぐに消費される。一度に大きな収入があれば，テレビやボートエンジンなども入手するが，貸し借りされ，手荒な扱いですぐに壊れる。米を十分に収穫している農耕民や，現金の蓄えのある商人や公務員などに比べ，生活はかなり不安定になっている。そしてそれは，子どもが病気のときに十分な医療を受けさせられないなどというかたちで問題を引き起こす。知っているというレベルや技能があるというレベルにおいて知識を身につけていても，倫理観や行動規範といった，知識の運用を支える社会的な仕組みがなければ，知識は生かせないこともあるのだ。

　新しい知識を使うための社会環境が整わないという問題以前に，新しい環境に応じた知識を得ること自体がうまくいかない場合もある。グアテマラ，ペテン県の低地のある地域に暮らすマヤ系先住民，マヤ系だが高地から移住してき

第1章　小規模社会で形成される植物知　　51

た集団，スペイン語を話す移民集団の農作業のやり方や生態に関する知識などを比較した研究で，意外な結果が出ている（Atran et al. 2002）。もともとこの環境を利用してきたマヤ系先住民は，地域の生態系を深く理解し，森林の再生を阻害しにくいという意味でもっとも適切な農業を行っていた。スペイン語系移民は，マヤ系先住民のように自分たちで生態系を観察する力はないが，マヤ系先住民とコミュニケーションをとり，彼らにならってそれなりに非破壊的な農業を行っていた。これに対して，もっとも破壊度の高い農業を行っていたのが高地マヤ系の移民集団だった。彼らは問題に直面すると高地の精霊に助けを求めるばかりで，低地の精霊に助けを求めたり低地のマヤ系先住民に助言を求めたりすることはないという。同様のことは，インドネシアの移民政策でジャワ島などから多くの人々が移住しているボルネオでもみられる可能性はある。

　人間が熱帯から極地まで，さまざまな方法で生活している様子をみると，人間がいかに環境に対する文化的な適応力の高い生き物であるかがわかる。そして，それぞれの自然への適応文化は，自然についての個別的な知識だけでなく，知識を位置づける枠組み，知識を得る方法，知識を活用する社会規範などの総体であるといってもいいだろう。それは個人の知識の習得を促し，集団の知識を発達させ，知識の運用を支える。ただ前述のふたつの例でみたように，この文化的な枠組みが，新しい環境においても知識の習得やその活用を促進するように機能するとは限らない。そういった場合でもいずれは新しい環境，新しい生業に適応していくだろうが，それまでに，西プナンの例のように人間社会がダメージを受けたり，高地マヤ系移民の例のように自然環境がダメージを受けたりすることがある。変化は悪いことではないし，スムーズに新しい生活に移行できる場合もある。そういう例もこの本の第4章で紹介されている。ただ，変化が大きすぎると，それに対応するのは簡単ではなくなってしまう。到達点は理想的なものであっても，そこへいたる道筋はもとの文化の制約を受け，平坦とは限らないということを忘れてはならない。

参考文献

　服部志帆　2012『森と人の共存への挑戦——カメルーンの熱帯雨林保護と狩猟採集民の生活・文化の両立に関する研究』京都大学アフリカ研究シリーズ8，松香堂書店．

Atran, S., Medin, D., Ross, N., Lynch, E., Vapnarsky, V., Ek', E. U., Coley, J., Timura, C. & Baran, M. 2002. Folkecology, cultural epidemiology, and the spirit of the commons. *Current Anthropology* 43 (3) : 421-450.

Christensen, H. 2002. *Ethnobotany of the Iban & the Kelabit*, Sarawak: Forest Department; Denmark: NEPCon; and Denmark: University of Aarhus.

Knapen, H. 1998. Lethal diseases in the history of Borneo: Mortality and the interplay between disease environment and human geography. In King, V. T. (ed.), *Environmental challenges in South-East Asia*, Richmond: Curzon Press, pp.69-94.

Koizumi, M., Dollop, M. & Levang, P. 2012. Hunter-Gatherers' culture, a major hindrance to a settled agricultural like: The case of the Penan Benalui of East Kalimantan. *Forest, Trees and Livelihood* 21 (1) : 1-15.

Koizumi, M. & Momose, K. 2007. Penan Benalui wild-plant use, classification, and nomenclature. *Current Anthropology* 48 (3) : 454-459.

Puri, R. K. 2005a. *Deadly dances in the Bornean rainforest: Hunting knowledge of the Penan Benalui*, Leiden: KITLV Press.

Puri, R. K. 2005b. Post-abandonment ecology of Penan fruit camps: Anthropological and ethnobiological approaches to the history of a rain-forested valley in East Kalimantan. In Dove, M. R., Sajise, P. E. & Doolittle, A. (eds.), *Conserving nature in culture: Case studies from Southeast Asia*, Yale Southeast Asia Studies Monograph Series, New Haven: Yale University Council on Southeast Asia Studies, pp.25-82.

Terashima, H. & Ichikawa, M. 2003. A comparative ethnobotany of the Mbuti and Efe hunter-gatherers in the Ituri Forest, Democratic Republic of Congo. *African Study Monographs* 24 (1, 2) : 1-168.

Voeks, R. A. & Sercombe, P. 2000. The scope of hunter-gatherer ethnomedicine. *Social Science & Medicine* 51: 679-690.

第2章 了解可能な物語をつくる
河川災害とつきあうために

祖田亮次・目代邦康

写真　ラジャン川の水上ガソリンスタンド。内陸先住民にとって河川は重要な交通路でもある。
祖田亮次撮影

2-1　はじめに

　2005年8月初旬，マレーシア・サラワク州の最大河川であるラジャン川周辺，とくにカノウィット県全域が洪水氾濫の被害を受けた。760kmの総延長をもつラジャン川流域において，カノウィット県は河口から150～200kmに位置する中下流の地域である（図2-1）。県の中心地であるカノウィット町は，河口から約170kmの位置にありながら，その標高は約7mしかなく，これより下流の低平地では，ラジャン川およびその支流での洪水氾濫は雨季・乾季を問わず，頻繁に発生する。

　この洪水氾濫が起こったときの地元の新聞記事では，カノウィット町が浸水している様子が写真で紹介されたが，そこには次のような説明が付されていた。「水に沈む町——カノウィット県全域での洪水によって，カノウィット町はまるで川のようになった。しかし，若者たちにとっては，町で楽しく泳ぐ好機であった」。

　筆者（祖田）が初めてボルネオを訪問し，ラジャン川の支流であるカノウィット川沿いのイバン人の村に滞在していた1995年8月にも，ラジャン川およびカノウィット川で大規模な洪水氾濫が発生した。そのときの洪水氾濫の発生は夜中であったため，水位の上昇に気づいた人は少なく，筆者が滞在していた村でも，小屋のなかに入れられていた鶏やアヒルが溺死し，畑の野菜などが収穫不能になったが，高床式のロングハウスでは，それ以外の大きな人的・物的被害はなかった[*1]。

　翌朝になっていっこうに引かない水を見ても，村人たちはとくに慌てたり騒いだりする様子はなく，それどころか，2005年の新聞記事と同様に，何人かはボートを出して町に向かった。普段はバイクや自転車，あるいは乗り合いのバンで町と行き来している人々が，「ボートで町をウロウロできるぞ！」などと口にしながら繰り出したのである。彼らに連れられた私も，不謹慎ながら，いつもと違う町の風景を楽しんだ。いくつかの店舗では，床上浸水によって一部の商品が被害を受けていたが，行きつけの雑貨店の店主はいつもと変わらぬ様子で，ボートを利用しての我々の訪問を歓迎してくれた。ひとしきり町の様

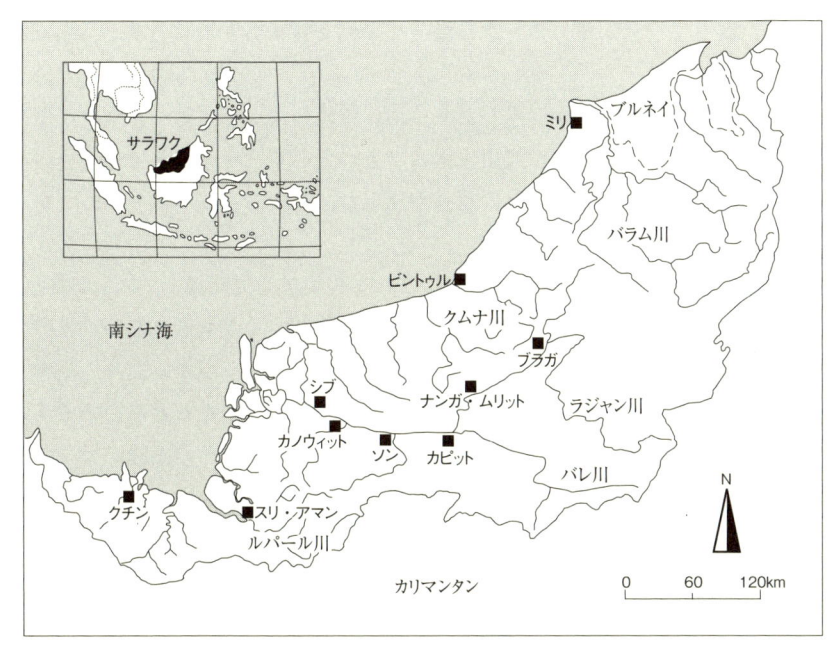

図2-1　サラワクにおける主要河川の水系と都市

子を見て回ったあとで村に戻ると，竿を肩に引っ掛けて，笑顔で釣りに出かける人たちを見かけた。

　ボルネオ各地の河川では，洪水氾濫のみならず，河岸侵食も頻発している。2006〜07年ごろ，ラジャン川やルパール川で，河岸侵食による被害状況を調査しているときに頻繁に耳にしたのは，墓地が川のなかに落ちてしまったという話題である。墓地の多くは河川沿いにある。しかし，墓地が侵食されそうになっても，イバンの人々は基本的に何の対策を講じることもない。墓を掘り返して内陸に移動させるという方法もありうると思ったが，そう尋ねても，多くの人は「そんな恐ろしいことはできない」と強く否定した。その一方で，「お墓が川に落ちて得する連中」もいるという。埋葬（土葬）時，棺桶のなかには，死者のために指輪やネックレス，金銀製品，現金などが入れられることが多い。悪霊の存在を恐れる彼らにとって，墓を掘り返してそれらの埋葬品を漁ることは怖くてできなくても，川に落ちてしまったものを拾うのは「問題ない」とい

第2章　了解可能な物語をつくる

う。したがって，墓が落ちると水に潜って金品を探す者が現れるというのである。

洪水氾濫で家屋や店舗が浸水したり，河岸侵食によって墓地や出作り小屋が崩落したりすれば，それらは河川災害のひとつとして数えられるであろう。しかし，それに対する現地の人々の認識や反応は，必ずしも我々がイメージする災害対応と合致するわけではない。

行政やNGO，先進国の人々などが，これらの現場を見た場合，「これは災害だ！」として，救助や金銭的・物的支援などを検討するかもしれない。実際にそういう事例は数多くある。しかし，村人は釣竿を持って出かけたり，浸水した町で泳いだり，河床に落ちた金品を漁ったりしているかもしれないのである。

自然の急激な変化・変動は，人々の認識の仕方によってその意味が異なり，実態はともかくとして，そうした自然現象が「災害」になるかどうかは，多分に認識・意識の問題であるともいえる[*2]。

本章は，ボルネオの人々が「災害」，とくに「河川災害」をどう認知・認識するのか，ひいては自然やその変化をどのように理解し，さらには了解・納得しているのかについて，できるだけ具体的な事例を用いながらも，やや抽象的に考察するものである。

以下では，第2節で，ラジャン川やルパール川といった，サラワクの大河川における河川災害の状況を概説し，第3節で現地住民が語る河岸侵食の要因説明を紹介する。第4節では，地形学あるいは水文学的な視点から，とくにラジャン川における河岸侵食のメカニズムを検討し，第5節において，住民による説明と地形学的な知見のズレや齟齬が何を意味するのか議論する。

なお，あらかじめ断っておきたいことは，第4〜5節において，地形学的な説明と住民自身による説明との整合・不整合を指摘することになるが，その目的は，在来知批判でも科学批判でもない。本章で目的とするのは，人々が語る物語の構築意図の検討であり，「神話的説明」と「科学的」説明の間にはある種のアナロジーさえ存在しうるということの指摘である。

2-2　河川と人々——サラワクの河川災害
2-2-1　河岸侵食問題

　ボルネオの人々にとって，河川は交通路でもあり生活空間でもある。イバン語でプラオと呼ばれる小舟で，細く小さな支流のあちこちに入って行くこともできる。河川を通じてさまざまな移動・移住が行われ，情報交換がなされてきたため，陸路で徒歩移動するには非現実的な遠く離れた場所と，婚姻関係や親族関係が存在していることも珍しくない（祖田他 2012）。一方，ひとつの水系にはさまざまな民族集団・言語集団が混在している場合も多いが，それらの異なる集団が河川の水系に依存したアイデンティティを共有することもある。水系あるいは流域というものが，ボルネオの諸社会を考察するうえでも重要な地域単位となっているのである。[3]

　ボルネオの内陸先住民たち，とくに焼畑民とされる人々は，基本的には大小の河川沿いに集落（ロングハウス）を形成してきた。河川は交通路のみならず，飲料水を得る場でもあり，洗濯や水浴びをする場でもあり，ときに儀礼の場にもなってきた。したがって，集落建設にあたっては，水場へのアクセスが重視される。そうした彼らにとって，河川周辺の地形の変化や，河川災害の頻発などは，生活の場の根本的な変化につながりうる重要な事象でもある。

　上述のように，「災害」という言葉では簡単に捉えきれない人々の自然認識があることも確かだが，現実問題として，河川の変化によって生活に困難をきたすことになっている人々が数多くいることも事実である。本章では，おもに河川災害をめぐる状況について考察を進めていくことにするが，ここではまず，人々の生活に重大な影響を与えている，いくつかの具体例をあげておこう。

　2007 年 4 月 5 日，バンティン川沿いに位置するイバン人のロングハウスが倒壊した。このロングハウスの倒壊要因は，比較的明瞭である。バンティン川は，ルパール川の下流に流れ込む支流である。ルパール川下流は潮の干満の影響を受けやすく，満潮時には川が逆流し塩水遡上が発生する。とくに支流のバンティン川でその影響が大きく，満潮時は上流方向への流れが，干潮時は下流方向への流れが非常に強くなり，現地住民が使用する小舟だと転覆しかねない

ほどの荒波が発生する。そのため，人々は常に潮見表を参照しながら，干潮時・満潮時を避けて船を出すようにしているほどである。

　このバンティン川の中上流部は河道を激しく左右に移動させている蛇行河川で，後背地の各所に三日月湖が存在している。実はこのロングハウスは，その蛇行のくびれた部分に存在していたもので，倒壊は時間の問題であり，必然であったといえる（図2-2）。住民もそのことを強く意識しており，ロングハウスの移転を考え，議論はしていた。しかし，当該地域はすでにロングハウスが密集しており，近隣に適当な移転場所を探し出せず困惑しているうちに，侵食による河道の位置の変化が生じて，ロングハウスの倒壊にいたったという次第である[*4]。

　ルパール川の本流沿いでも，各所で河岸侵食や洪水氾濫による被害が出ている。2006年に行った調査では，ルパール川沿いの多くのロングハウスが，河岸侵食による倒壊の危機に直面し，いくどかの移転を経験していたことがわかった。あるロングハウスは，過去30年ほどの間に，侵食から逃れるために，3回もの移転を経験したという。また，低平地が広がるこの地域では，河岸侵食だけでなく，洪水氾濫も頻繁に経験してきたという。

　一方，後に詳述するが，ラジャン川においても，やはり中下流域の各所にお

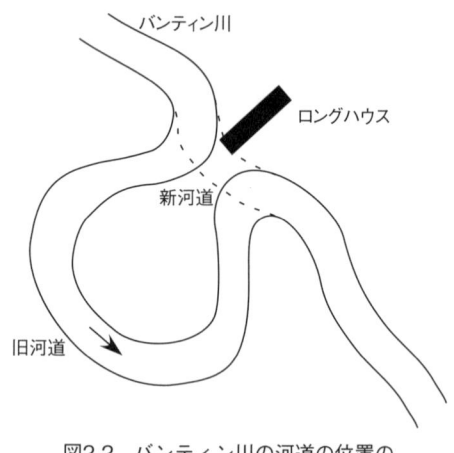

図2-2　バンティン川の河道の位置の変化を示す模式図

写真2-1　ダップ町に隣接したロングハウス。村長が40年前の河岸はこのあたりにあったと示している

写真2-2　ソン町付近のロングハウス。河岸侵食が進み崩落の危機にある

いて河岸侵食が発生しており，多くのロングハウスが土台を失って崩落したり，移転を余儀なくされたりしている（写真2-1, 2-2）（Yuhora et al. 2009）。

ラジャン川流域の場合は，ルパール川流域と比較しても道路交通網が未発達であるため，現在でもルパール川流域以上に，主要な交通手段を舟運に依存している。実際，小中学校やクリニックなどの政府関係機関，町のショップハウス[*5]や公園施設なども河岸に位置しているものが多く，それらの施設や構造物も，河岸侵食の被害を受けてきた。ラジャン川沿いでは，校庭がなくなって屋外での体育授業ができなくなった小学校や，複数回の移転を経験した小学校も少なくない。カノウィット町に隣接するリバーフロント公園も崩落が進み，立ち入りが危険な状態になっている。

サラワク灌漑排水局のRudi（2000）によると，このような河岸侵食の問題は，上述のルパール川やラジャン川のほか，サドン川やサリバス川，バラム川などでも発生しており，その意味では全州的にみられる現象であるといえる。

2-2-2　派生する社会問題

ルパール川でもラジャン川でも，河岸侵食や洪水氾濫に悩まされている人々がとる基本的な対応は，ロングハウスの移転である。ロングハウスを内陸方向に数十mずらして建て直す場合もあれば，一段高い段丘面に移動する場合もある[*6]。川の見える場所に建設適地を見出せないときは，数百m内陸へ向かった後背湿地へと移転する場合もある。しかし，これらのことは，河川へのアクセスが悪くなることを意味する。水浴びをするにも，急な斜面を上り下りしたり，川までの距離を5〜6分歩いたりしなければならない，という不満を抱える人々も多い。

ボルネオ内陸先住民にとって，ロングハウスを移転させることは，歴史的にみればとくに珍しいことではなく，植民地政府が法的に移動を禁止し，近代土地法が浸透する以前は，数年から数十年単位で，短距離・長距離の頻繁な移転・移動・移住を繰り返してきた。それは，焼畑適地を求める移動であったり，戦乱や伝染病などの苦難から逃れる移動であったり，適正人口配置という政府の政策に従った移動であったり，要因や背景はさまざまであった。

このような移動を繰り返してきたボルネオ先住民にとっては，高台や内陸へ

のロングハウスの移転という選択肢は，ごく自然な対応であるといえる．しかし，そこにはいくつかの社会的・経済的な問題も付随する．

まず，かつてのように後背地の森林が豊かなものでなくなった現在，新しいロングハウスを作るための建材を森林から調達するということは，ほぼできなくなっている．そのため，都市で建材を購入しなければならず，その資金をいかに調達するかという経済的問題が大きな制約要因となる．

もうひとつの大きな問題は，ロングハウスという居住形態をとる以上，移転先としてはかなり広い面積の平坦地が必要となるが，そのような平坦地が相対的に少なくなっているということである．これは，河岸侵食の進行による平坦面の減少という，物理的な側面だけではなく，人口増に伴うロングハウスの増加あるいは長大化という面もある．また，それだけではなく，異なる民族集団との土地占有権をめぐる軋轢という側面ももっている．

たとえば，先のバンティン川沿いで倒壊したロングハウスの事例でいえば，実は新しいロングハウスを建設するのに適当な土地が，ごく近隣に存在していたのである．しかし，そこには，リンガという町（バンティン川下流）のマレー人が60年ほど前に植えた果樹が残っていた．バンティン川上中流域は本来イバン人が先住していた地域であるが，第二次世界大戦中にリンガの町から避難してきた数世帯のマレー人に対して，当時のイバン人は土地を貸し与えた[*7]．そのとき，避難していたマレー人が数多くの果樹を植えて育てたのである．終戦後，マレー人は，当該の土地に植えた果樹をそのまま残し，再びリンガの町に戻った．

先住民の慣習に従えば，有用樹が植えられた周辺の土地占有権は，それを植えた本人のものになり，その権利は相続可能になる．問題は，当該のマレー人に対して，イバン人は土地を一時的に貸したつもりであったのに対して，マレー人の側はかつて植えた果樹が今も残っている以上，そこには既得権益が発生しているとして，両者の認識が異なっていた点にある．

戦後の約60年間，マレー人の残した果樹園は，誰も利用・管理をすることなく放置され，問題が発生することもなかったが，河岸侵食による土地消失の危機に面したロングハウス住民がその土地に目を向け始めたことで，土地をめぐる両者の軋轢が表面化した．イバン人の側は，「貸していた」土地を返してもらうように交渉したが，マレー人は「自分のものになっている」土地なので，

第2章　了解可能な物語をつくる　　63

売却対象であると主張した。切羽詰まったイバンの人々も「購入」を検討したことはあったが，マレー人が提示する金額を用意できず，交渉が難航している間に，ロングハウスの倒壊という憂き目に遭うことになったのである。

　ラジャン川における事例も紹介しておこう。ラジャン川で河岸侵食が顕著にみられるソンより下流の地域では，川沿いで多くの華人が農業を営んでいる。とくに，カノウィットからシブにかけての範囲では，川沿いの土地のほとんどは華人の占有地となっている。

　ラジャン川沿いで農業に従事している華人の多くは福建系や福州系華人で，2～4世代前に中国本土からサラワクに移住してきたという背景をもつ。彼らの多くは，ラジャン川沿いの先住民と交渉して土地占有権を獲得し，その一部は近代土地法に沿った登記手続きを済ませている。登記されていない土地も数多くあるが，先のバンティンの例とは異なり，先住のイバン人たちの間でも，その実質的所有権はすでに華人の手に移っていると認識されている。

　問題は，河岸侵食の影響を受けているイバン人が，華人の占有している土地の多くは川沿いの平坦面で，ロングハウスの移転に好適な場所であると感じている点である。彼らは自嘲気味に語る。

　「私たちの祖父や父は馬鹿だった。華人に対しても好き勝手に土地を売ってしまった。昔のイバン人は土地の価値なんて知らなかったから，たとえば1エーカーの土地を，たった一斗缶分ほどの塩やコメと交換してしまった。結果として，我々は川沿いの土地をおおかた失ってしまった。いまや，まともな土地はみんな華人のものだ。連中はいったん土地を手にしたら，決して私たちに売り戻してくれたりしない」。

　河岸侵食の危機に直面するイバンの人々は，自分たちの先祖の判断の甘さを嘆くと同時に，困っているイバン人の足元をみて法外な土地代を要求する一部の華人をやり玉にあげつつ，「強欲な連中」と言って強く非難する。そこには，民族間の軋轢が潜在しており，侵食リスクの増大とともに顕在化する可能性も否定できない。

　このような問題は，民族間の関係にとどまらない。カノウィット町から約15km上流のラジャン川左岸のロングハウスでは，河岸侵食のリスクを回避するためにやや内陸への移転を決定したが，既存のロングハウスと同じ規模のも

のを作るだけの平坦地を見つけることができず，隣接するいくつかの小規模な平坦地を選び，コミュニティを3つに分割して移転することになった。しかし，このときに，3つのロングハウスそれぞれに新たに村長を置くのか，それとも3つのロングハウスに分かれたとしても，一人の村長のもとでひとつのコミュニティとして存続させるのか，意見が分かれた。そして，どの世帯が3つのロングハウスのどれに帰属するのかという点についても，なかなか合意が得られず，移転を前にしてコミュニティは内部分裂状態に陥った。このような分裂は，ルパール川沿いでも複数確認できた。

　これまでみてきたように，近年では，ロングハウス建設に適した土地が不足しており，移転時にコミュニティが分裂したり，他民族との対立が顕在化したりすることもある。河岸侵食はひとつの自然現象だが，それが引き起こす環境変化は社会問題の引き金となる要素を含んでいるのである。

2-3　人々の災害認識

2-3-1　住民が語る河川災害の要因

　ここでは，現地住民が河岸侵食や洪水氾濫の要因をどのように説明しようとしているのかをみてみよう。彼らが語る要因説明には，幅広いバリエーションがある。まず，ルパール川についてであるが，先述のように，潮の干満による水流の頻繁な変化，とくに，雨季などの増水期における大潮は非常に強い流れを作り河岸を攻撃するという説明が，もっとも多く聞かれた。次に多かったのは，洪水時や激しい降雨時に河岸侵食が進むという説明である。また，動的な要因だけでなく，もともとシルト質の土壌で侵食されやすいという説明も多く聞かれた。

　一方，人間活動・経済活動に関する事象も，河岸侵食や洪水の要因として指摘される。たとえば，近隣での道路建設やプランテーション開発などが影響しているという説明や，ルパール川下流での灌漑取水[*8]が始まってから水流が変化し河岸侵食が進んだという説明も，複数のロングハウスで聞かれた。あるロングハウスでは，1985年に建設された上流の大規模ダムから不規則な放水がなされるようになったために，ルパール川下流の水流が変化して，河岸侵食や洪

第2章　了解可能な物語をつくる　65

水氾濫が頻発するようになったと主張する人もいた。このような説明を披露したのは，筆者らが聞き取りをしたルパール川流域13集落のなかで，ただ一人であったが，彼はこうも付け加えた。「まだ誰も気づいていないことだし，政治的な問題も絡むので声高には言えないが，知り合いの技術者からこの説を聞いて，自分自身は確信している」。

　一方，ラジャン川流域においても，水害要因の説明は多様である。まず，もっとも多い説明としては，河川交通の変化である。彼らが言うには，1960年代末にエクスプレス・ボート（高速客船）が就航してから河岸侵食が激しくなったとのことである。つまり，エクスプレス・ボートやタグボート，貨物船などの大型の動力船が頻繁に航行するようになり，それらの航走波が河岸を攻撃しているというのである。ラジャン川では，13の集落で集中的な聞き取りを行ったほか，さらに10以上の集落で簡単な観察と聞き取りを繰り返したが，ほぼすべての集落で同様の説明が聞かれた。

　次に多い説明が，上流域（とくに支流のバレ川流域）での開発・森林破壊を原因とする説である。上流域での森林伐採やプランテーション開発により，大量の土砂が河川に流入し河床の上昇が起こったために，水が水平方向に逃げ場を求めて河岸が侵食される結果になったという説明である。

　また，洪水氾濫との関係で河岸侵食を語る人も多い。洪水で河岸の段丘面あるいは平坦面が浸水したあと，水が引いていく過程で，河岸の土壌が剥ぎ取られてしまうというものである。さらに，上流域での開発によって森林の保水力が減少したため，ラジャン川全体の流量が増加しただけでなく，洪水氾濫の規模拡大・頻発化を招き，その結果，河岸侵食がいっそう進んだという説明もある。

　上述のような社会経済的な要因説のほかに，多くの人々が訴えるのは，気候変動説である。降水量の季節変動が激しくなった，乾季なのに雨が降り続くことがある，いずれにせよ降水量そのものが増加している，という説明である。洪水の規模拡大や頻度上昇は，上流での開発ばかりが原因ではなく，そもそも降水量が増加したことにあるという主張である。なかには，降水量の増加は地球温暖化やエルニーニョ／ラニーニャ現象の頻発化によってもたらされていると，地球規模の解説をする人もいたが，その説明根拠・情報源を聞くと，新聞やテレビの報道と関連づけて自分なりの理解をしている人がほとんどであった。

また，近年ラジャン川で行われている砂利採取が影響しているという人もいる。ただし，その点についてくわしく聞くと，説明に矛盾が生じる場合もある。つまり，彼らの認識では，河岸侵食が顕著になり始めたのは1960年代末あるいは70年代以降であるが，ラジャン川中流域で浚渫がさかんに行われるようになったのは，ほとんどの場所で5〜15年ほど前だという[*9]。この時間的なズレがうまく説明されることは少ない。

2-3-2　神話的説明

前項で示したような説明以外に，ルパール川でもラジャン川でも複数のロングハウスで語られたのが，「神話的説明」である。これについても，ややくわしく紹介しておこう。

イバン語では，クディッと呼ばれる人—自然関係にまつわる現象がある。この語をそのまま訳せば，日本語では「神罰」あるいは「天罰」といった意味になりうる。「物語」を意味するチュリタを付加したチュリタ・クディッは，何らかの天災を被った際の，原因と顛末にまつわる神話あるいは伝承ということになる。本章では，洪水氾濫や河岸侵食との関係でチュリタ・クディッが語られる場合，これを「神話的説明」と呼ぶことにする。チュリタ・クディッの基本形は，「動物をからかったりあざけ笑ったりすると雷に当たって石になる」というものであり，こうした物語はイバンだけでなく汎ボルネオ的に内陸先住民たちが共有しているものである。人類学者の間では，サンダー・コンプレックスあるいは雷複合と呼ばれる（Needham 1964, 奥野 2010など）。

多くの民族集団に共通する，このサンダー・コンプレックスに関して，少なくともイバン人の場合にいえることは，動物いじめと雷雨災害というセットが基本形として存在しているものの，そこから派生する物語のバリエーションは非常に幅広いものがあり，必ずしも人—自然関係だけではなく，場合によっては，人間関係や社会関係をも包摂して語られるという点である[*10]。

ここでは，筆者らが河岸侵食に関する要因説明を聞き取りによって集めているときに，現地住民の口から語られたチュリタ・クディッを，いくつか紹介してみよう。

第2章　了解可能な物語をつくる　67

［バッタと雷］かつて，村の女が乳飲み子を連れて水浴びをするために川に入ろうとした。そのとき，一匹のバッタが飛んできて，ふいに彼女の乳房にとまった。彼女はそれを見て「今日はうちの子にもまだ乳をやっていないというのに，このバッタはなんて図々しいんだろう」などと罵りながら，指でバッタを弾き飛ばしてしまった。その直後，瞬く間に暗雲が立ち込め，風雨が強くなり，彼女は雷に打たれて乳飲み子ともども石になってしまった。これは，本当の話である。その石もちゃんと川岸にあった。だけど，河岸侵食のせいで，その石は数年前に川底に落ちてしまった（2006年8月，カノウィット町から約4km上流のラジャン川左岸の村）。

筆者が河岸侵食の話を中心に聞き取りを進めていたためか，語り手は，最後はその石も侵食で失われたという「オチ」をつけているが，このような動物に対する誤った行為が雷という災害を招くというのが，チュリタ・クディッの一般的な語り方である。次に，いくつかのバリエーションについてもみておこう。

［近親相姦と河岸侵食］あのロングハウスが，これまで何度も河岸侵食にやられて，この数十年で3度もの移転をせざるをえなかったのには，訳がある。実は，あのロングハウスの村長は，今では立派な村長の顔をしているけど，まだ若かったころに厄介な過ちを犯した。三十数年前のことである。村長の姪にあたる娘がとても可愛いということで，当時，近隣では評判になっていた。私は，この地域の出身ではないが，シマンガン（現在のスリ・アマン……筆者注）の高校に通っていたときにその噂を聞いて，友人たちと一緒にこの村まで見物にやってきたくらいだ。一目見ただけだったけど，本当に可愛かった。だけど，その娘と今の村長が「できて」しまった。村長も身近にいる可愛い姪に目がくらんでしまったのだろう。近親相姦のタブーを犯してしまったのだ。そのことが公に知られてしまい，それで，その穢れを清めるために，2人はルパール川でイノシシを屠殺してその血が混じった水で水浴びをした。そのような儀礼を何度かしたが，やっぱりきちんと清算できないほどに，その罪が深かったのだろう。あのロングハウスが何度も侵食の被害を受けるのは，そのせいだと言われているし，この辺りの住民は，みんなそれを信じている。もちろん，本人たちの前

では言わないし，言えない。でも，私のようなキリスト教徒でも，それを信じている。これはまさにチュリタ・クディッなんだよ（2006年8月，スリ・アマン町から約10km下流のルパール川左岸の村）。

　この話をした本人が付け加えた解説としては，「あのロングハウス」は昔からかなり裕福で，政治家とのパイプも太かったために，河岸侵食でロングハウスが被害を受けても，政府や関係議員からの手厚い補助・支援を受けて，すぐに立派なロングハウスを再建できたという。そして，「こういう話が広がるのは，ある種の妬みの裏返しでもあろう」と言う。つまり，地域の有力者に関する噂話や陰口を，社会的・経済的に劣位にある人々の間で共有し合うことで，一定程度，溜飲を下げようとする行為でもあるというのである。
　次の事例は，ルパール川・ラジャン川の事例ではなく，河岸侵食がそれほど顕著ではないクムナ川上流（ジュラロン川）での話であるが，関連するので紹介しておきたい。

　［森林伐採の影響1］私の村は，ロングハウスそのものが侵食されたわけではないけれど，川沿いの焼畑地の斜面が崩落してしまったことがある。それより少し前から，この村の近くに伐採会社が入ってきて，森を荒らしてしまった時期があった。あれがいけなかったんだ。伐採で森を荒らしてしまったがために，クディッが起きてしまった（2007年3月，ジュラロン川のスアン付近）。

　これは，森林という自然を不当に荒らしたことが，自分たちの焼畑地の喪失につながったという点を，地形的・物理的な因果関係ではなく，神話的に説明しようとするものである。同じ村で，他の人は次のような説明もした。

　［森林伐採の影響2］伐採会社がこのあたりで操業を始めてから，土砂が河川に流れ込み，堆積や沈泥が起こった。それが川の流れを変えてしまったんだろう。だけど，やっぱり，伐採会社の操業に関していえば，あろうことか，墓地や聖地までをも破壊したのが問題だった。あれが洪水や侵食といったクディッの主要因である（同上）。

これらの「変則的」なチュリタ・クディッをみていると，自然や精霊に対して自らが犯した過ちが，そのまま自分へのしっぺ返しとして降りかかるというばかりでは，必ずしもないことがわかる。伐採会社という「よそ者」が森林や墓地を破壊した場合でも，それがそこに住む自分たちにとっての災いとなってしまうこともある。しかし，その語り口調には，伐採会社への強い非難の感情が込められて語られていることも確かである。このような「よそ者」が引き起こす環境破壊とそれに伴う災害という語りのなかで，伐採会社批判が含意されているのである[*11]。

　最後に，さらに変則的な語りも紹介しておこう。筆者がラジャン川で河岸侵食の調査を行っていたときに，州政府の役人から，支流でも河岸侵食による被害があるので見てほしいという依頼を受けた。ラジャン川の支流カノウィット川のさらに支流にマチャン川という川がある。その川沿いにあるロングハウスが侵食の被害を受けているというのである。しかし，実際に行ってみると，河岸侵食による崩落の危機にあったのはロングハウスではなく，対岸の小学校の校舎であった。村人の話では，以前住んでいたやや上流では，頻繁に洪水被害を受けていたので，それを避けるために1990年ごろに今の場所に移ってきたという。そのとき，政府の補助によって重機による整地が行われた。そして整地後に余った大量の土砂は，そのまま近くの河岸に投げ捨てられてしまった。それによって，川の形状が変化したという。筆者がサラワク州河川局の河川技術者とともに観察したところでは，村人が言うような土砂供給と侵食作用の相関を非常に明瞭に見てとることができたが，彼らは笑いながら次のような説明を付け加えた。

　　［神様の礫］ロングハウスの建設時に，整地で余った土砂を川に投げ入れるまでは，河岸の土砂や礫は対岸（つまり小学校側……筆者注）にあった。それが，ロングハウス建設以来，川の流れが変わって，礫がこちら側の岸にやってきた。礫が我々の側についてきたのである。それらの礫は神様がもってきたものである。礫がこちらの岸にやってきてから，川での作業は楽になったし，祭りや宴会のときも，河原でイノシシを殺して，そのままそこでバーベキューを楽しめる。自宅の前でピクニック気分を味わえる。逆に，対岸の学校は運気が落ちて侵食

された．神様のおかげで，ロングハウスが政府（小学校のこと……筆者注）に勝ったということである（2007年8月，マチャン川沿いのロングハウス）．

ロングハウス住民は，普段から，マレー人を優遇する政府への不平不満を口にすることが多いが，ここでは，対岸の小学校（国立）の崩落の危機をダシに，神様を味方につけたロングハウスの「勝利」を誇らしげに語っていたのである．

以上，いくつかの「神話的説明」をみてきた．河川災害に関して，住民自身の観察による説明の仕方と，「神話的説明」の仕方との間には，大きな違いがあるようにもみえるが，この時点で，我々が気をつけなければいけないことは，科学的知見のもとで「この説明は間違っている／正しい」「この語りは非科学的である／科学的に裏づけられる」ということの判定を，安直にすべきではないであろうという点である．住民自身が「論理的」と考える説明と，彼ら自身も「飛躍」を認める「神話的説明」，および「科学的な知見」の間に存在するズレやギャップは何を意味しているのだろうか．人々はなぜそのような語りを行うのだろうか．これらの点については，後にくわしく議論するとして，次節では，地形学や水文学の知見の概略を紹介しておこう．

2-4 地形学的知見からみたラジャン川

2-4-1 ボルネオ，ラジャン川の地形的概要

ボルネオ島は，スマトラ島，ジャワ島などとともにユーラシアプレートの最南部に位置する．この島は，北に向かって移動しているインド・オーストラリアプレートによって南北方向の圧縮の力を受けている．日本と同じ沈み込み帯に位置する島である．この地域の隆起速度は，Dykes（2002）により約 $0.2\mathrm{mm}\cdot\mathrm{y}^{-1}$ であろうと見積もられていて[*12]，世界的にみても隆起が活発な地域といえる．ところが，日本のような急峻な山岳地帯は少なく，全体としてなだらかな丘陵・山地が広がっている．これは，この地域に分布する泥岩や砂岩の地層が，強い風化作用を受けてもろくなり，さらに降水量が多いために削剥作用が活発に働いているからである[*13]．このような地形的特徴をもつボルネオ島の河川の様相は，日本の河川とは大きく異なる．

熱帯における流域面積の大きい河川では，流域全体の地形調査が困難なことから，河川地形の研究はそれほど進んでいない。これまで，下流部の三角州の形成過程について，堆積学的・地形学的研究が行われてきたが（たとえば，Nguyen et al. 2000，堀・斎藤 2003，Funabiki 2012 など），上中流域まで含めた，流域全体を対象とした地形学的研究はほとんど行われていない。このような状況のため，ボルネオ島における河川の特徴についても概説的なことしかわかっていない。こうした前提のもとで，以下では，ラジャン川流域の概略について説明をする。

ボルネオ島の北西部は，島の主稜線をなすイラン山脈とカブアス山脈に囲まれており，そこにラジャン川が流れている。河川総延長約 760km，流域面積約 5 万 km^2 のマレーシア最長かつ最大の河川である。ラジャン川は，サラワク州とインドネシア（カリマンタン）を分けるイラン山脈を源流として，サラワク州内を流下し，南シナ海に流れ込んでいる。

ラジャン川は，その源流部からカノウィットまでは山地の間を流れる。上中流の流域にはタービダイト（海底で堆積した砂岩泥岩の互層）である堆積岩が広く分布し，そのうちの泥岩が風化している。その泥岩から礫はほとんど生産されていない。そのため，河床や河岸の堆積物はごくわずかである。砂岩やわずかに分布する火山岩起源の礫が，一部に礫州をつくっているほかは，おもに砂岩起源の砂や，シルト・粘土が，河岸に堆積している。カノウィットから下流は沖積平野（上流から運搬された土砂が堆積してできた平野）となっている。そして，シブから下流は完新世（約 1 万年前〜現在）に発達した三角州で，河道は大きく蛇行・分流し，厚い泥炭層が発達している（Gastaldo 2010）。

ラジャン川の河床勾配は非常に緩やかである。河口から約 120km のシブで標高約 1m，約 170km のカノウィットで約 7m，約 270km のカピットで約 17m，約 450km のブラガ付近で約 55m である（図 2-3）。河口からブラガ付近までの平均河床勾配は 1 万分の 1 程度でしかなく，中下流域 400km を通してみても，利根川の最下流部と同程度の勾配ということになる。

この川は，とくに中流部の非常に長い区間で，地層の層理面（層と層の間の境界面）に沿って谷が発達している。このような谷を「適従谷」という。ブラガからナンガ・ムリットにかけての約 80km と，バレ川との合流点（カピット

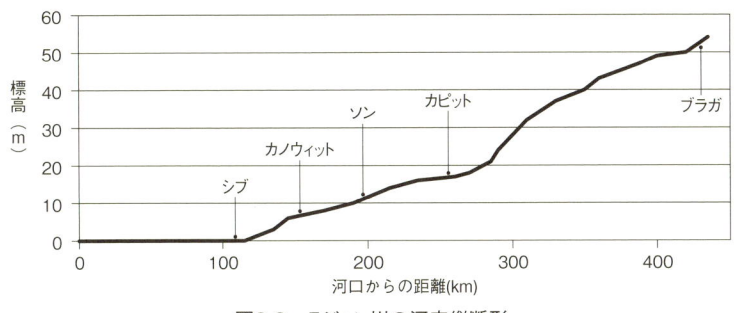

図2-3 ラジャン川の河床縦断形

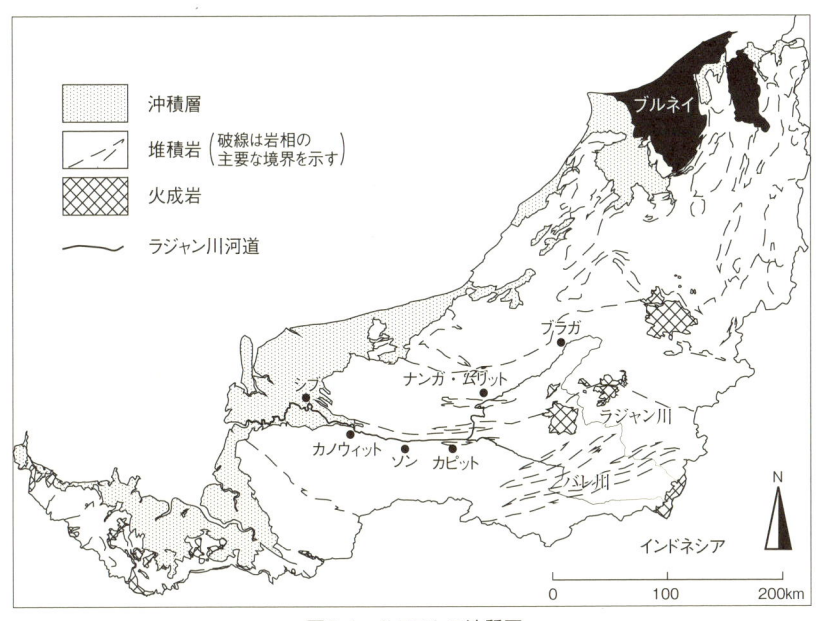

図2-4 サラワクの地質図

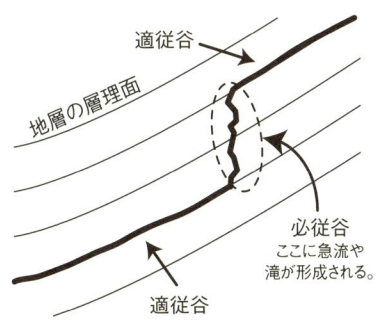

図2-5 適従谷と必従谷の概念図

上流）からカノウィットにかけての約 100km の区間である。一方，ナンガ・ムリットからバレ川合流点までの約 50km の河道は，地層の向きにほぼ直交する「必従谷」である。ここの河床は基盤の形状を反映して凹凸が大きく，急流や滝が形成されている（図 2-4 および 2-5）。

　この川の流況のもうひとつの特徴は，勾配に比して流速が大きいということである。その理由として，この川には流れを乱す地形的な条件が少ないことが考えられる。適従谷の河床区間には泥岩の基盤が露出し，その表面は比較的なめらかである。また，大礫，巨礫はなく，水流を妨げる要因に乏しい。これらの条件のため，流速が大きくなっていることが考えられる。

　なお，ボルネオ島は熱帯雨林気候に属しており，ラジャン川周辺では 6〜8 月にかけて相対的に降水量が少なくなる一方，12〜1 月にかけて降水量が多くなる。そのため，河川の流量に大きな季節変動がある。

2-4-2　ラジャン川の河岸侵食の概要とロングハウスの立地

　筆者らは，ラジャン川の河岸で多数発生している河岸侵食の実態を把握するため，河口からブラガまでをボートに乗り，河川の状況を観察・記録した。[*15] その結果，カノウィットからブラガにかけての約 260km の区間において，河岸侵食発生箇所が 225 か所あることがわかった。図 2-6 には，調査区間のごく一部ではあるが，とくに河岸侵食が多くみられたカノウィット付近（河口から約 180km 付近）の状況を示した。この図に示された約 20km の区間では，合計 35 か所もの侵食箇所が観察された。

　河岸侵食が発生している箇所の地形を大別すると次の 3 タイプに分類できる。タイプⅠ：斜面崩壊（図中の▲），タイプⅡ：滑走斜面・直線流路の侵食（図中の●），タイプⅢ：攻撃斜面（図中の■）の侵食。ここでは，河道全体を通じてもっとも多く，なおかつロングハウスの立地と深く関係するタイプⅡについて，簡単に説明しておこう。

　タイプⅡの河岸侵食は，全体的に直線的な河道沿いに分布し，とくに，河道がわずかに湾曲している部分の滑走斜面側（蛇行の内側の河岸）に多くみられる。もともと緩傾斜の河岸であったところが，侵食作用を受けて垂直な崖へと変化している（写真 2-3）。侵食が起こっているのは，河川水面からの高さが数 m の

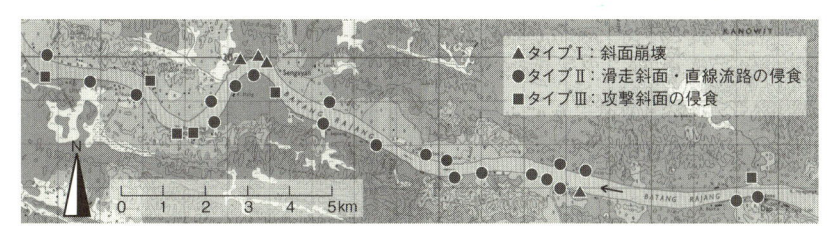

図2-6 カノウィット上流での河岸侵食タイプの分布

写真2-3 垂直崖前面で河岸の崩壊。住民への聞き取りによれば，洪水時にエクスプレス・ボートの波が当たって河岸が崩壊したという

段丘面の縁である。この河岸段丘は，数m以上の泥や砂の堆積物から構成されている。[*16]これらは，固結していないため，非常に侵食されやすい。そのため，ここでは乾季と雨季の降水量変化や，洪水による著しい水位変動によって，河岸侵食が引き起こされている。

この段丘面には，ボルネオの内陸先住民が居住するロングハウスが点在している。ここで河岸侵食が進行すると，ロングハウス前面の敷地が徐々に狭くなり，いずれ家屋が崩落の危機にさらされることとなる。もともとラジャン川沿いの河岸段丘の段丘面は，全体的に河道から背後の山地，丘陵地斜面までの距

第2章 了解可能な物語をつくる 75

離が短いものが多く，ロングハウスの立地に制約要因として働いている。

　ラジャン川の河床には砂礫が少ない。砂礫が少ないと，礫州や砂州が形成されにくく，河道を左右に蛇行させることも少なくなる。それに加えて，地層の層理面という弱線に沿って谷の侵食が進んできたために，河道の幅や位置がほぼ変わることなく，長期間にわたって谷の侵食が進んできた。このような条件のため，河岸に沿う狭い段丘面しか形成されなかったと考えられる。

　このようなラジャン川の段丘面のなかで，相対的に広い面積をもつ場所は，支流との合流地点に形成されている段丘面である（図2-7参照）。ただし，この段丘面は，それぞれの段丘を構成する地層の違いによって侵食抵抗性が異なるため，段丘面の広がりの程度には違いがある。たとえば，ナンガ・ムリットとラジャン川・バレ川の合流点の間のほぼ中間地点で，ラジャン川右岸に合流するプラグス川という支流が，本流との合流地点につくる段丘面は広い面積をもつ。これは，このプラグス川が比較的流域面積の大きな支流であり，ラジャン川本流でほとんど存在しない礫が存在するためである。この礫が段丘礫層となり，それが河岸に露出していると，他の風化した泥岩や砂・泥のみからなる段丘よりも侵食抵抗性があり，段丘面の地形が残存しやすい。

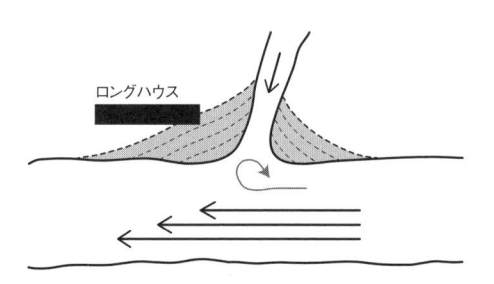

図2-7　本流と支流の合流点の模式図
　　注：グレーの部分はおもに支流から供給された堆積物に
　　　　よって構成される。

一方，バレ川との合流点より下流の中下流域においては，ラジャン川本流との合流点まで礫を運搬するような支流がほとんどみられない。中下流域の支流から供給されるのは，砂や泥である。支流と本流の合流地点では，本流側からみれば支流の出口が湾入部になるため，そこで流速が減衰し，河岸に土砂が堆積し，比較的広い平坦面が形成されることがある。しかし，砂・泥から構成されるこの平坦面は，礫層からなる段丘面と比べると，侵食されやすく，長期的に平坦面が残りにくい。

一般に，本流と支流の合流点には，ロングハウスが建設されることが多い。ラジャン川中流域の適従谷となっている直線流路沿いの合流点においても，一定の広さの平坦面が存在しているため，ロングハウスが建設されている。しかし，この場所の多くは，今述べたように侵食されやすい場所である。後述のように，歴史的・文化的な側面からみても，このような河川の合流地点付近は，ロングハウスの立地に有利であった。内陸先住民にとっての重要な生業のひとつである漁撈は，ラジャン川のような大河川本流よりも，支流をさかのぼった場所で行う方が効率的で漁獲量も多いため，支流沿いに生活拠点を置くことが重要になるというのが，ひとつの大きな要因である。近年は，人口増とそれに伴う新規ロングハウスの建設増によって，建設好適地が相対的に減少傾向にあることから，本流沿いの段丘面にも多くのロングハウスがみられるようになったが，現在でも合流点付近にロングハウスの立地が卓越していることは事実である。

2-4-3 局地的な河岸侵食とその要因

以上のことを総合しつつ，先に示した現地住民の要因説明との整合性について，考えてみよう。

現地でもっともよく聞かれたのが，動力船の航走波による河岸侵食への影響である。通常の地形学や水文学の知見からすれば，航走波による侵食作用は，わずかな範囲にしか及ばないといえる。ただし，増水期あるいは洪水氾濫期に航走波が河岸を攻撃すると，より内部（陸地側）まで侵食が及ぶことにはなる。

航走波の影響がとくに大きいとされるダップ町（カノウィット町から約40km上流）付近で，垂直崖直下の河岸堆積物を子細に観察すると，場所によっては

多くのガラス片，コンクリート片などが存在している。これらが波の働きによって動くことにより，通常の波では侵食されない程度の固結度をもった風化泥岩や堆積物を，活発に侵食していくことも考えられる。これは，現地において基盤のごく一部で，局地的に侵食が進んでいることから推定されるものである。また，動力船による航走波だけでなく，風の動きによって発生する波も影響するかもしれない。航走波のみが河岸侵食に影響しているということはないが，局地的には，直接的な要因のひとつとして航走波が影響しているということはいえるであろう。

　住民の説明では，近年の降水量の増加も大きな要因であるとする。残念ながら流量や水位に関するデータは入手できなかったが，少なくともブラガの降水量データをみる限りでは，過去半世紀で大きな降水量変動を認めることは困難である（図2-8）。

　もちろん，森林の木質バイオマス量の変化によって，流域の降水量と河川流量が比例しないという可能性も考えられるが，それを数値データによって裏づけることは，現状ではきわめて困難であろう。

　上流の開発と土砂流入量の増加が河床の上昇につながるという説明については，地形学的な見地からすると考えにくい。流域の地質の大半が泥岩主体であり，ラジャン川上流域や，大規模な支流などでの観察では，ラジャン川流域の斜面から河道に供給されるのは砂ではなく泥がほとんどである。泥は上中流域の河床にたまらずに，下流の三角州で堆積し，とくに海まで行ってから塩分と混ざって沈む。上流での開発によって供給量が増大するのは，砂というよりも泥が中心なので，河床断面の変化には影響しないと考えてよいだろう。

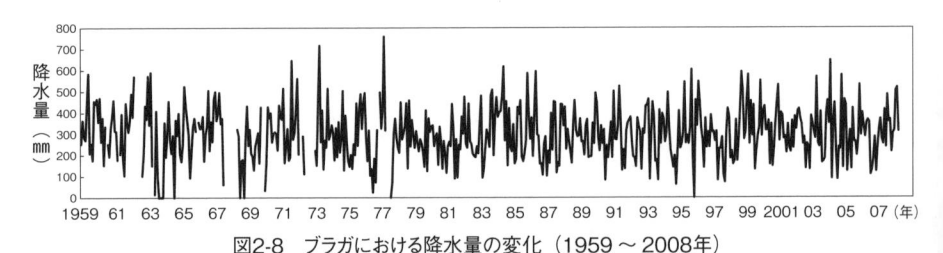

図2-8　ブラガにおける降水量の変化（1959～2008年）
注：サラワク灌漑排水局のデータにより作成。

河岸侵食が広範囲に，かつ，たとえばロングハウスの立地を困難にするような速度で進んでいるという事実は，自然環境下において比較的短い時間周期で発生する侵食と堆積の繰り返しという現象ではないことを意味する。地形学的にラジャン川の河岸侵食を理解するためには，個々の河道幅とほぼ同じレベルの空間的スケールをもった地形変化プロセスを考えなくてはならない。その点からすると，この地域で行われている砂利採取との関係性は，十分検討に値する要因である。というのも，ラジャン川の支流（たとえばカピット町から約5km下流で合流するスンカバン川や，カノウィット川支流のマチャン川など）においては，比較的狭い範囲であるが，自然状態の河川で，一方の岸で河岸侵食が発生しその対岸で堆積が進んでいる現象を観察することができるからである。それに対して，ラジャン川本流沿いでは，河岸侵食だけが目立ち，堆積は顕著ではない。同じ地質条件，気候・水文条件なので，スケールの違いはあっても，侵食・堆積のプロセスは同様であり，侵食域・堆積域の分布パターンは類似するはずである。ラジャン川の本流と支流における差異は，本流において，河道内の土砂の絶対量が減り，河岸での侵食が顕在化しているためと考えられる。

　ラジャン川を河口から遡って行くと，シブあたりから上流で，砂利採取を行っている浚渫船を数多く見かけることができる（写真2-4）。砂利採取に関する統計的データは存在しないため，明確なことはいえないが，河床断面形の変化に影響を与えている可能性は否定できない。

　ただ，住民の説明では，浚渫船がラジャン川中流域でみられるようになったのは，1990年代半ば以降のことである。彼らの説明では，年によって季節によって操業場所は変化しており，一定していないという。場所によっては，1980年代に操業していたというが，詳細はわかっていない。ここでは，ひとつの可能性として，砂利採取の影響を指摘できるに過ぎない。この点を明らかにするには，砂利採取が行われている地区の詳細な観測と同時に，支流を含めた上流から下流までの土砂移動全体を捉える視点が必要になるであろう。

　住民の多様な言説を，地形学的な見地からすべて吟味できるわけではない。砂利採取のように，可能性として指摘できるが，これまでのデータや観察だけでは断定できない要素もあれば，動力船の航走波のように，特定の条件が揃った場合の局地的な現象として認めうるものもある。一方，土砂流入を要因とす

写真2-4　ラジャン川の砂利採取。シブから数km上流

る説や降水量増加説など，通常の地形学的知見では考えにくいものもあれば，地球規模の気象変動との関係など，現状のデータでは判断しがたい見解も多い。

　少なくともいえることは，彼らの説明の仕方は，いずれもラジャン川という大河の河道全体の変動を説明しようとするものではなく，多くの場合，局地的あるいは一時的な現象を説明する傾向が強いということである。

　地形学的にいえば，土砂移動にせよ，降水量・流量にせよ，侵食と堆積の相関にせよ，あるいは本流と支流との関係性にせよ，局地的な微地形変化と大局的な地形変化をいかに連関づけて説明できるかが重要になる。また，時間的な意味でも，一時的あるいは一回性の現象から万年単位の地形変化までを視野に入れる必要性がある。

　つまり，地形学者と現地住民の間には，説明しようとする対象について，時間的にも空間的にも大きなギャップが存在しており，科学的説明と住民の在来知とを接合・融合することが可能かどうか，仮に可能だとしても，そこに何らかの意味を見出すことができるかどうかというと，難しい部分が残る。しかし，これらの点について，もう少し踏み込んだ議論をすることは，科学の意味や在来知のあり方を考察するうえで，無意味ではないであろう。

2-5 「了解」のための物語創出

　ここまでの議論のなかで，いくつかの疑問が出てくる。ひとつは，なぜ彼らは河岸侵食にうまく対応できていないのか，という点である。もうひとつは，彼らの説明論理はどこから来るのか，なかでも「神話的説明」が必要とされるのはなぜか，ということである。これらについて，若干の考察を加えておきたい。

2-5-1　時間スケールと空間スケール

　ボルネオの内陸先住民社会は「流域社会」と呼ばれるように，河川に強く依存してきた。しかし，河道変化に対しては脆弱性を露呈しているようにみえる。もちろん，先述したように，ロングハウスの移転という形での対応は行ってきたが，それ以外の積極的な対応はほとんどみられない。その要因のひとつとしては，彼らの地形や地質に対する知識の少なさ，あるいは「無関心」ということが考えられる。

　これまで，ボルネオ先住民の森林資源に対する知識の豊富さは，いろいろな形で語られてきた[18]。その一方で，地形・地質・土壌についての知識は話題に上ることは少なかったし，実際，相対的に貧弱であると思われる。

　たとえば，イバン語に関していえば，石や岩にかかわる名称にはそれほどのバリエーションがない。具体的には，日常的に使われるイバン語として，バトゥ・クアイ（石英。文字どおりには「半透明の石」），バトゥ・エンポソット（砂岩。文字どおりには「ヘチマ石」），バトゥ・ルマック（泥岩。文字どおりには「やわらかい石」あるいは「脂っぽい石」）などがあるが，それ以外は，バトゥ・クニン（黄色い石），バトゥ・ムラ（赤い石），バトゥ・チュロム（黒い石）など，色彩で表現するか，バトゥ・クランガン（玉石），バトゥ・クリン（かたい石）など，形状・大きさ・固さで表現する程度である。

　土壌に関しては，もう少し多くのバリエーションがあるが，それでも化学的・生物学的な要素，あるいは生成過程を意識した分類体系はなく，色や粘性で表現することがほとんどである。そのため，彼らが焼畑地を選択する場合でも，

土壌そのものについて言及するというよりも，その場にある植物・植生をみて，その土地の肥沃度や栽培適性を判断する。焼畑民の土地利用を考察する土壌学者も，彼らが土壌の状態を見極めるときに判断材料とする植物を「指標植物」と呼び，分析対象として植生を重視している（Tanaka et al. 2005）。

このように，土地や土壌の状態を判断する場合でも，イバンは植物・植生に注目しており，地形・地質の構造やその変化には無関心であるようにみえる。これらの点について，時間スケールと空間スケールという観点から考察してみたい。

筆者（祖田）は，以前，ボルネオの内陸先住民を事例に，熱帯バイオマス社会における人の時間と自然の時間との関係性について議論したことがある（石川他 2012）。そこでの自然の時間とは，基本的には生態的な時間であった。つまり，稲作を軸とする年間の農業サイクルや，サゴヤシやラタンのような半栽培植物の再生速度（数年～十数年）に応じた遊動地選択，焼畑と休閑をめぐる数年～数十年スパンの選択的土地利用方法，あるいは，不定期の一斉開花・結実と狩猟採集行動の活発化など，生物資源の多層的・重層的な時間に合わせて，人々が森林に関する知識と知恵をどのように蓄積しながら生存戦略を構築してきたのかという議論である。

ボルネオ先住民は，森林の生物資源に関しては，非常に豊富な知識をもつ。焼畑民と狩猟採集民ではその「知」の幅は異なるが，内陸先住民の多くは数十から数百種類の森林資源に対して命名・分類を行い，鋭敏な身体感覚やトポフィリア的な場所感情にも依拠しつつ，どのタイミングでどの資源をどれだけ利用するのかという選択を行ってきた。生態の時間と人の時間にはさまざまなズレはありうるものの，経験則や暗黙知，新たに導入された知識も含めた「在来知」を駆使することで，基本的には接合可能なものになる[*19]。

一方，地形学的な意味での地形変化は，個々人の生活感覚や古老の語り・伝承などではイメージできないほどの長い時間を視野に入れる必要がある。地形学の射程は，一瞬あるいは一回性のイベントから数千年，場合によっては数百万～数千万年のオーダーまで，きわめて幅広い。たとえばラジャン川で発生しているような地形変化を把握するには，河岸の崩落の瞬間を観察するだけでなく，この場所をつくる地層であるタービダイトの存在という前提（つまりボル

ネオ島の形成過程）を理解しなければならない。それだけの多様な時間スケールを視野に入れる必要がある。これらは，人々の日常感覚ではもちろん，数世代～数十世代にわたる伝承文化をもってしても，想像困難な時間スケールである。

　このような時間スケールの圧倒的な相違だけでなく，そこには，空間スケールの相違も存在する。たとえば，動力船の航走波と河岸侵食との関係を指摘するには，現地住民でさえ見落としてしまうほどの微地形の観察を必要とする一方，流域全体の侵食傾向を把握するには，支流を含めた最上流域から河口さらには海底の大陸棚にいたるまでの土砂移動，さらには島全体の地質構造まで検討対象に入れなければならない。

　先に指摘したように，ボルネオ先住民の社会は流域社会とも呼びうるが，個々の河岸コミュニティが，河川地形学者でも掌握困難な700km超の大河川全体を，その射程に入れるかというと，そういうことはない。

　実は，ボルネオの内陸先住民の生活空間は，大河川そのものというよりも，むしろ支流に依拠していたといってよい。きちんとした証明は難しいものの，民族間・集落間で数百年にわたって戦乱を繰り返してきた人々にとっては，大河川沿いはむしろ危険で無防備な居住の場であっただろうと推測できる。また，先述のとおり，漁撈を行うにしても，その場は基本的に支流である。水系を超えたネットワークを形成する場合も，支流を小舟で遡上したあと徒歩で分水嶺を越え，隣の水系の支流最上流に入るといった移動ルートが前提となってきた。逃避の場としても，生業の場としても，社会的ネットワーク形成の場としても，人々にとって重要であったのは，本流沿いというよりも支流域だったのである。その意味では，ボルネオの内陸先住民社会は，流域社会というよりも「支流社会」あるいは「支流文化」と表現する方が適切かもしれない。

　彼らの認識する空間的な範囲は，本流よりも支流の方が適合しやすい。自分の出身地を示す場合は，大河川の支流の名前を使うことが多い。その支流のどのあたりかを指す場合は，たとえば「本流との合流点から5ランタオのところである」（ランタオは直線流路を指す。つまり，合流点から4回蛇行した後の直線流路沿いを意味する）という表現を使う。そして，そうした支流沿いにおける地形変化に対しては，比較的鋭敏な観察をしていることが多い。実際，先述したとおり，ラジャン川の支流における土砂移動と河道変化については，現地のイ

バン人も地形学的見解と整合性の高い理解・解釈を行っている事例が，複数箇所で確認できた。

このように，比較的短い時間と比較的狭い地域での時空間認識に馴染んだ人々にとって，総延長760km，流域面積5万km^2というラジャン川の全体にかかわる地形・地質構造と，その数百万年オーダーの変化過程は，日常的な観察や分析によって「論理的」な説明を付与するのが困難なほどに（あるいは，その必要がないくらいに），長大な時空間スケールをもっているといえよう。地形学的な関心対象としてのラジャン川は，イバン人にとってはほとんど「所与」の存在なのである。そのような状況のなかで，彼らが本流沿いの河岸侵食に十分に対処できない（あるいは，対処しない）のは，不思議なことではない。

2-5-2　なぜ「神話的説明」が必要なのか

河岸侵食の要因は地形学的にもいまだ明確にはなっているわけではないが，少なくとも，自然科学的データで人々の語りを裏づけることが容易でないことはわかった。むしろ，ラジャン川の変化を大局的に見通したとき，現地住民の説明は地形学的な合理性とは異なる部分が多い。

しかしながら，彼らなりの観察結果や，断片的に入手できた「客観的」「科学的」知識を織り交ぜながら，一定程度の論理性を有したもっともらしい物語をつくってきたことも事実である。あるいは，自然的要因だけでなく，開発や砂利採取，動力船の影響など，社会的要因も物語構成のなかに組み込んでいる。多くの災害がそうであるように，ラジャン川の河岸侵食も原因はひとつではなく，複合的なものとなっているはずである。それを「在来知的」に理解しようとしている点は注目されてよいであろう。

ここでもう一度考えたいのは，これらの自然的・社会的要因に加えて，一部住民の間では神話や伝説がもちだされることの意味である。一般に，神話・伝説は，現実の現象や歴史的事実を象徴的に示していることが多い。そもそも，災害や環境変化と，神話や伝説は，非常に強い関係性・親和性をもちうる。このことは，世界中の洪水神話や精霊民話をみればわかる（石田 1948, Ludin & Smith 2010 など）。

近年では，歴史学や民俗学，人文地理学，文化人類学などの観点から，災害

や環境変動などについてアプローチしようとする動きがある。その場合，神話や伝説といった物語が重要な分析対象になることもある（たとえば，笹本 2003, Bankoff 2003, Bankoff et al. 2003, 佐々木 2005, 北条 2006, オリヴァー＝スミス 2006 など）。これらは，それぞれ異なる研究分野に立脚しつつも，災害現象の文化的・社会的・政治的な側面を明らかにしようとするもので，広い意味で「災害文化論」とでもいうべき研究アリーナを形成しつつある。[20]

一方，地形学や地質学の方面からの神話・伝説へのアプローチもある。これは一部のグループの間ではジオミソロジー（geomythology）とも呼ばれているもので（Piccardi & Masse eds. 2010），神話や伝説には事実に即して語られた歴史も数多く含まれているという観点から，それらの物語を，過去の大規模イベントの年代測定などに有益な情報として，積極的に利用しようとする立場である（Masse et al. 2010, Ludin & Smith 2010 など）。

異分野の協働を必要とするこれらのアプローチは，将来的な学際研究への展開可能性も期待されている。ただ，これまでの研究では，神話や伝説で語られる話と，歴史的事実との関係性を吟味することに重点が置かれており，なぜ人々がそのような神話や伝説をもちだして現実の自然現象を説明しようとするのか，という点についての十分な議論がなされているわけではない。

この点に関して，Katenbaum（1974）の指摘はひとつの手がかりを提供する。彼は，人々が災害や超自然的現象を理解し，苦痛を和らげるために祈祷や儀礼を行ったり，あるいは日常の行動が災害によって何らかの影響を受けたりする過程で，災害が構造的なものとして創造され，それが日常生活の一部として組み込まれると主張する。

ここで重要なことは，「災害や超自然的現象を理解」することや「苦痛を和らげる」ことの意味である。人々は，なぜ困難に遭遇しなければならないのかについて，納得できる因果関係を探り出そうとし，それを了解可能な形に変換しつつ，自らの日常のなかに「腑に落ちる」物語として組み込む努力をしてきたのである。つまり，「神話的説明」の構築や儀礼による災厄除去というのは，自分たちでは認知しえない，あるいは，自分たちの理解を超える環境変動を，自らの（論理の）射程内に引き寄せるための，文化的・社会的行為といえる。

実は，こうした実践ともいいうる文化的・社会的行為は，なにも「神話的説

明」にのみ還元されるわけではない。先にも指摘したように，人々の「もっともらしい」「一定の論理性をもった」説明の多くは，神話創造とのアナロジーをもっているのではないかと思われる。以下では，神話・伝説による説明のあり方を相対化するために，自然的・社会的要因説明についても，もう一度検討してみよう。

　たとえば，上流域での開発は「客観的事実」として存在しており，中下流域における河岸侵食も事実としてあるが，それらをつなぐものとして，上流域での土砂流出や保水力低下，河川の流量増加，沈泥といった，自らが直接観察できたわけではないが「ありそうな」関連現象や断片的に聞き知った「科学的」知識が付与され，説明論理が構成されていく。さらに，動力船の航走波，華人による土地占有，浚渫船による砂利採取といった，社会経済的な側面が組み込まれていくこともあれば，エルニーニョ／ラニーニャ現象や地球温暖化など，報道から得た知識と接合させていく場合もある。

　それらの説明は，部分的・局地的には地形学的にも説明可能なものがあるが，全体としてみれば，「科学的」な裏づけが困難な説明，あるいは「地形学的には合理性のない」説明も数多くある。しかし，そこで重要なことは，科学的な「正しさ」よりも，むしろ，現地住民自身にとって「腑に落ちる」説明が構築されているかどうかという点にあるといえる。

　さらに，そうしてつくられた物語には，さまざまな感情も付与されていく。たとえば，土地を占有する華人への非難や，休閑地を手放してしまったイバン人に対する自嘲的語り，伐採や舟運といった企業活動への批判，富裕層に関する噂や陰口，あるいは，政府－先住民関係の皮肉的解釈などである。これらの批判や皮肉，陰口，自嘲などは，彼ら自身も言うように「溜飲を下げる」効果をもつ。内陸先住民が普段から感じている，華人との経済的格差や，政府のマレー人優遇政策など，ある種の経済的・政治的な構造が，河川災害という困難を了解するための物語にも反映されている。

　つまり，現地住民によるさまざまな語りは，現象を論理的に説明しようとする側面をもつ一方で，そこでは科学的な正しさを追求する以上に，「納得」したり「了解」したり（場合によっては諦めたり）できる物語として成立しうるかどうか，あるいは，そうした物語（の一部）を自己批判や他者批判に転換・還

元できるかどうかという点も重要になっている。

その意味では,「観察」や「客観的事実」に基づく推論についても,個別の事象の正しさや信憑性は別として,全体的な物語の構築プロセスそれ自体は,「神話的説明」の構築と大きく異なるものではないのである。

2-6　おわりに

人々は自らの認識できる範囲を超える現象を目の当たりにしたとき,それを解釈し了解するために,さまざまな物語をつくりだす。神話の多くは,そうやって構築されてきたといえる。

父親が雷に当たって死んだとする。「友人たち数人と狩猟に出かけたとき,暗雲立ち込めるなか焼畑地を突っ切って森に入ろうとしたが,そのとき突然の雷雨が発生し,腰に差していた山刀に雷が落ちて,父は死んだ」。この説明は物理的には間違っていない。しかし,「なぜ雷にあたったのがほかの人ではなく,私の父でなければならなかったのか」という疑問については,なんら説明されていない。その一方で,「そういえば,父は,先日の狩猟で得たイノシシを,脂身ばかりだ,きっと怠け者のイノシシに違いない,などと嘲り笑いながら解体していた。あれがいけなかったのだ」という説明は,超自然的で非科学的な説明ではあるが,人々は納得し,了解し,諦めをつけることが容易になる。因果応報を文化的に了解しようとする所作であり,「腑に落ちる」物語としてコミュニティ内で共有するための知恵でもある。「文化知」あるいは「創造的文化知」とでも呼んでもよいであろう。

このようななか,地形学や水文学は何を提供できるのだろうか。地形学的知見に基づいて,河岸侵食に関するくわしい因果関係を説明し,「ここは崩れやすいから住んではいけない」と論したところで,ほかに行き場のない人たちは多数存在する。あるいは,河川技術者がその場所に合った護岸の方法を伝えたとしても,それを実行できる資金力をもつわけではない。

実は,河岸侵食に悩まされてきた住民たちは,たとえば舟運会社に河岸近くを運航しないことや,航行速度を落とすことなどを要求したり,政府や行政に何らかの護岸対策を講じるよう陳情したりしてきたが,これまでのところ,そ

うした要望はほとんど実現されていない。浚渫船にいたっては，人々はその砂利採取の仕方に疑問の目を向けているが，州首席大臣のファミリービジネスであることを多くの人が認識しており，不用意に批判や口出しすることは危険であると感じている。せいぜい，河岸沿いの村に支払われる賠償金の額をうまく交渉することくらいしかできない。

　そこで，人々は，別の説明原理を持ち出さざるをえなくなる。今現在の窮状がもたらされたのはなぜか。それは，地形学的な要因説明を求めているわけでは，必ずしもないということである。自然，あるいは災害，あるいは環境変動の「文化的了解」というべきものが重要なのかもしれない。

　また，それだけではなく，他民族や企業や政府や富裕層を皮肉ったり，批判したりもする。それらが物語に付与されていく。自らや周囲の人々が納得できるような，了解できるような，場合によっては諦めがつくような，あるいは，陰口や愚痴めいた話でも溜飲を下げられるような，ある種のもっともらしい物語をいかに構築できるかという点が重要になってくる。それは「知識」というよりは，後づけの論理構築力である。しかし，そのことで，表面化しそうな対立を回避したり，自分に降りかかる不条理をやりこめて納得してしまったりできるのであれば，それもひとつの「知恵」と呼びうるのではないだろうか。

　科学としての地形学は，おそらく，彼らに科学的知見を淡々と提供していくことが重要であろう。現地の人々がそれらの知見をどう採用するかは，また別の問題として議論する必要があるように思われる。仮に，地形学の立場から，現地住民の説明は「間違っている」と指摘することが可能だとしても，あるいは，「正しい」地形学的理解を提供しようとしても，それが，彼らの論理のなかで整合性のある説明になるとは限らない。もし，地形学的説明と，彼らにとっての「腑に落ちる」物語に齟齬が生じた場合は，逆に精神的苦痛を与える可能性もあるだろう。

　ラジャン川沿いに住む人々は，「道路ができれば道路沿いに移動する」というが，これまでの内陸におけるインフラストラクチャー整備事業の進展度合いをみていると，ごく近い将来にこの地域に道路がはりめぐらされるとは考えにくい。一方，支流域に戻っていくかというと，それも難しい。支流沿いは水量の増減によってボートの航行が難しくなることもある。条件のよい支流沿いの

土地でロングハウス建設適地を見つけることも，現在では容易ではない。一方，本流沿いは，町や学校へのアクセスが容易で，エクスプレス・ボートの利用などに有利な点もある。彼らは，まだまだこの大河とつきあいながら生きていくほかないのである。その際に，わずかに残る平坦面を少しずつ移動しながら集落を維持しつつ，舟運会社や伐採会社，浚渫会社などと，企業活動の自粛要請や賠償金の請求といった交渉を重ね，また，政府や行政，NGOなどに対しては，何らかの対応策や救済策の要請や陳情を行うという行動をとることになるであろう。その際に，「科学的知見」が一定の役割を果たす可能性は高い。その意味では，企業や政府との交渉を有利に進めるための「科学的知見」と，自らを納得・了解させるための「物語」構築の知恵とを，いかに使い分けるのか，あるいは融合させるのか，今後はそのバランス感覚が重要になってくるであろう。

謝辞

本研究を進めるにあたって，総合地球環境学研究所の研究プロジェクトD-4，および日本学術振興会科学研究費補助金（課題番号20720219，22221010，および17251015）の一部を使用しました。現地での調査に際しては，池田宏氏から多様なアイディアをご教示いただきましたことを深謝いたします。また，渡壁卓磨氏，柚洞一央氏，渡部悟氏のご協力にも感謝いたします。図の作成にあたっては，冨永哲雄氏にご助力いただきました。

注

- ＊1　サラワクのイバン人をはじめとする内陸先住民は，現在でもロングハウスという居住形態をとることが多い。ロングハウスとは，十数世帯〜数十世帯が共住する長大家屋で，ひとつのロングハウスがひとつの集落を形成することも多い。なお，この村には当時，ロングハウスとは別に6軒の戸建て住宅があったが，高床の1軒を除く5軒は床上浸水の被害を受けた。
- ＊2　古くから世界各地において，洪水氾濫は農業活動にとっては自然の恩恵でもあるとされてきたように，「災害」とは，そもそも両義性をもつものである。日本における「世直し」への期待と「災害待望論」との関係性，あるいは江戸末期の安政の大地震における「鯰絵」の流行なども（アウエハント 1979, Ludin and Smith 2010），同様に「災害の両義性」を物語るものである。
- ＊3　ボルネオにおける諸集団の社会関係は，軋轢・戦争・侵略行為といった面でも，社会的ネットワークの形成といった面でも，強く河川に依存してきたことは間違い

ない。エドモンド・リーチやジェロム・ルソーといった著名な人類学者たちも，ボルネオの社会を理解するには，民族集団ごとの研究よりも，流域ないし水系という単位が重要であると指摘している（Leach 1950, Rousseau 1989）。ボルネオの社会は，いわば「流域社会」と呼ぶにふさわしく，その包括的理解を得るためには，流域単位での地域社会構成を視野に入れる必要がある（祖田・石川 2013）。

*4 倒壊は真夜中の出来事ではあったが，幸いにも，トイレに起きた村人がロングハウスの異常な傾きと揺れに気づき，鐘を打ち鳴らして住民を緊急避難させたため，死傷者は出なかった。

*5 東南アジアの諸都市で一般的にみられる店舗兼住居の建築形態。5～10軒分の間口を連ねた構造で，1階部分は店舗，2階以上はオフィスや居住空間になっている場合が多い。ラジャン川の河岸には，古い木造のショップハウスが点在する。

*6 河川沿いに発達した平坦面のこと。くわしくは*16を参照のこと。

*7 第二次世界大戦時，町や都市にいたマレー人や華人が，日本軍の侵攻を恐れて，内陸先住民の集落に一時的に避難させてもらうという現象は，サラワク内の各地でみられた。

*8 潮位差を利用した灌漑施設で，有明海沿岸のアオ取水と類似したシステムである。

*9 カノウィット町より約15km上流の村では，1980年代にも砂利採取が行われていたと語る住民がいたが，それを確かめる手段はない。住民の説明によると，砂利採取が行われていたときには，河岸侵食がいっそう進んだとのことだが，近年は村の近くでは浚渫船を見かけないという。

*10 内堀は，イバン社会におけるクディッについて，本来は晴れた日に突然おそってくる嵐のことをいうと説明している。そのうえで，クディッには，災害をめぐる因果関係が明瞭に現れるというよりも，禁止事項のリスト化とそこから反転される「秩序」の体系化であると主張する。詳細は，内堀（1973, 1996）を参照のこと。

*11 このような，災害を説明する語りのなかに，その要因となった「よそ者」批判を含意する傾向は，日本の「蛇抜け」伝説の構成とも類似している（たとえば，笹本 1994 など）。

*12 Dykes（2002）は，ボルネオ島北部地域の隆起は約200万年前に始まったと仮定したうえで，隆起速度を算出している。

*13 湿潤熱帯地域は，高温多湿で生物の活動が活発である。そのため，岩石の風化の進行が早く，独特の地形景観が作られる（Thomas 1994, Reading et al. 1995）。

*14 熱帯に限らず流域全体の河川地形および土砂移動の把握は，時空間スケールがあまりにも大きすぎるため困難であり，比較的河川の研究が進んでいる日本においても，その蓄積が十分にあるとはいえない。

*15 具体的には，まず地形学的にどのような位置に河岸侵食が発生しているのか評価するために，ラジャン川流域の地形図・地質図・空中写真・衛星画像を用いて流域の地形分類を行い，現地での観察結果をあわせて，形態に基づく河道の地形区分を行った。また，現地観察によって判明した河岸侵食の地点を5万分の1地形図に記録し，侵食地形の分布図を作製した。くわしくは，Watakabe et al.（2012）を参照。

*16 河岸段丘とは，河川の流路に沿って発達する階段状の地形をいう。平坦な部分と傾斜が急な崖とが交互に現れる。平坦な部分を段丘面，急崖部分を段丘崖と呼ぶ。

*17 ラジャン川の川幅は，場所によって大きく異なるが，ブラガ付近で200m前後，ブラグス付近で250～300m，カピット～ソンあたりで300m前後，カノウィット付近で400～500m程度である。

*18 民族集団によって，あるいは村落をとりまく外的環境条件によって，その知識量は異なるし，時間的にも変化するが，本書第1章で小泉が扱っている事例では，焼畑民も狩猟採集民も，数百種類の植物の命名・分類を行っているという。

*19 周辺環境の変化に伴う新たな知の獲得・構築については，本書第4章（加藤・鮫島論文）を参照されたい。

*20 Bankoff（2003）は，フィリピンの各種災害と人々のレスポンスを検討するなかで，災害をめったに起こらないものとしてではなく，頻繁に発生するものと捉えて次のように記述している。「フィリピンのような社会においては，自然災害は歴史的に頻繁に発生してきた。そうした持続的な脅威は日常生活のなかに組み込まれ，いわゆる『災害文化』というものを作り出す」。一方，マケイブ（2006）は，東アフリカで繰り返される干ばつ災害を，生態系の「正常な」働きの一部と考える見方を紹介し，人々が環境のストレスに対してどのように対処するのかについて考察することで，災害現象に現れる社会的側面が明らかになると主張する。

参考文献

アウエハント，C　1979『鯰絵——民俗的想像力の世界』小松和彦他訳，せりか書房。
石川登・祖田亮次・鮫島弘光　2012「熱帯バイオマス社会の複雑系——自然の時間，人の時間」柳澤雅之・河野泰之・甲山治・神崎護編『地球圏・生命圏の潜在力——熱帯地域社会の生存基盤』京都大学学術出版会，283-315頁。
石田英一郎　1948『河童駒引考——比較民族学的研究』筑摩書房。
内堀基光　1973「洪水・石・近親相姦——東南アジア洪水神話からの覚え書」『現代思想』1（5）：163-169頁。
内堀基光　1996『森の食べ方』東京大学出版会。

奥野克巳　2010「ボルネオ島プナンの『雷複合』の民族誌——人と動物の近接の禁止とその関係性」中野麻衣子・深田淳太郎編『人＝間の人類学』はる書房，125-142頁。

佐々木高弘　2005「伝承された洪水とその後の景観——カオスからコスモスへ」『京都歴史災害研究』3：21-31頁。

笹本正治　1994『蛇抜・異人・木霊——歴史災害と伝承』岩田書院。

笹本正治　2003『災害文化史の研究』高志書院。

祖田亮次他　2012「Inter-riverine society 論の構築に向けて——スアイ－ジュラロン間エクスペディション」『熱帯バイオマス社会』10：1-6頁。

祖田亮次・石川登　2013「『狩猟採集民』と森林の商品化——ボルネオ北部プナンの戦略的資源利用」横山智編『資源と生業の地理学』海青社（印刷中）。

北條勝貴　2006「神話・説話・記録にみる災害」北原糸子編『日本災害史』吉川弘文館，41-60頁。

ホフマン，S・M，A・オリヴァー＝スミス編　2006『災害の人類学——カタストロフィと文化』若林佳史訳，明石書店。

堀和明・斎藤文紀　2003「大河川デルタの地形と堆積物」『地学雑誌』112：337-359頁。

マケイブ，J・T　2006「災害と生態人類学——東アフリカ大旱魃（1979～81，1984～85）と牧畜民トゥルカナ族」ホフマン，S・M，A・オリヴァー＝スミス編『災害の人類学——カタストロフィと文化』若林佳史訳，明石書店，239-263頁。

Bankoff, G. 2003. *Culture of disaster: Society and natural hazard in the Philippines*, London: Routledge Curzon.

Bankoff, G., Frerks, G. & Hilhorst, D. 2003. *Mapping vulnerability: Disasters, development, and people*, London: Earthscan.

Dykes, A. P. 2002. The role of bedrock failures driven by uplift in long-term landform development in Brunei, Nothwest Borneo. *Transactions, Japanese Geomorphological Union* 23: 201-222.

Funabiki, A. 2012. *Holocene delta-plain evolution in northern Vietnam*, (Ph. D. dissertation submitted to Mie University).

Gastaldo, R. A. 2010. Peat or no peat: Why do the Rajang and Mahakam deltas differ? *International Journal of Coal Geology* 83: 162-172.

Katenbaum, R. 1974. Disaster, death, and human ecology. *Omega: Journal of Death and Dying* 5: 65-72.

Leach, E. R. 1950. *Social science research in Sarawak: A report on the possibilities of a social economic survey of Sarawak presented to the Colonial Social Science Research Council*, Kuching: His Mäjesty's Stationery Office.

Ludin, R. S. & Smith, G. J. 2010. Folklore and earthquakes: Native American oral traditions from Cascadia compared with written traditions from Japan. In Piccardi, L. & Masse, W. B. (eds.), *Myth and Geology*, London: Geological Society, pp.67-94.

Masse, W. B., Barber, E. W., Piccardi, L. & Barber, P. 2010. Exploring the nature of myth and its role in science. In Piccardi, L. & Masse, W. B. (eds.), *Myth and Geology*, London: Geological Society, pp.9-28.

Needham, R. 1964. Blood, thunder, and mockery of animals. *Sociologus* 14 (2) : 136-148.

Nguyen, V. L., Ta, T. K. O. & Tateishi, M. 2000. Late Holocene depositional environments and coastal evolution of Mekong River Delta, Southern Vietnam. *Journal of Asian Earth Science* 18: 427-439.

Piccardi, L. & Masse, W. B. eds. 2010. *Myth and Geology*, London: Geological Society.

Reading, A. J., Thompson, R. D. & Millington, A. C. 1995. *Humid tropical environments*, Oxford: Blackwell.

Rousseau, J. 1989. *Central Borneo: Ethnical identity and social life in a stratified society*, Oxford: Clarendon Press.

Rudi, A. Z. 2000. Bank erosion. *Sarawak Gazette* 127 (1541) : 23-27.

Tanaka, S., Wasli, M. E. B., Kou, A., Seman, L., Kendawang, J. J. & Sakurai, K. 2005. Site selection for shifting cultivation by the Iban of Sarawak, Malaysia with special reference to indicator plants. In Proceedings of International Symposium on Forest Ecology, Hydrometeorology and Forest, Ecosystem Rehabilitation in Sarawak, pp.97-103.

Thomas, M. 1994. *Geomorphology in the tropics: A study of weathering and denudation in low latitudes*, New York: Wiley.

Yuhora, K., Soda, R. & Watabe, S. 2009. Bank erosion along the Rajang River in Malaysia. *Geographical Studies* 84: 99-110.

Watakabe, T., Soda, R., Mokudai, K., Ikeda, H. & Yuhora, K. 2012. Bank erosion along the Rajang River and its social impacts. *Equatorial Biomass Society* 6: 1-5.

第3章 里のモザイク景観と知のゆくえ
アブラヤシ栽培の拡大と都市化の下で

市川昌広

写真 バラム川中流の先住民が開いたオイルパーム園。市川昌広撮影

3-1 はじめに

　熱帯雨林は，地球上でもっとも生物多様性が高い場所であるのと同時に，人々が長い年月にわたって暮らしてきた場所でもある。本章でいう里は，序章ですでに述べているように，熱帯雨林に先住民の手が入った結果，形成されてきた暮らしの場である。先住民の知は，伝統的知識などと呼ばれて肯定的に評価され，それに基づく生態資源の管理の有効性が論じられている（Berkes & Folke eds. 2000）。生物多様性と里との関係について，近年の保全生態学の研究成果は里を肯定的に評価する論調が優勢である[*2]（Dent & Wright 2009）。とくに，アブラヤシなどの単一作物による大規模なプランテーションが拡大している今日，さまざまな林齢の二次林を主体とする里のモザイク景観が生物多様性保全に果たす役割が見直されている（Dent & Wright 2009, Momose et al. 2008）。

　本章では，まず，こうした里のモザイク景観が有する生物多様性の保全効果を最新の研究成果より明らかにした後，先住民の暮らしの視点からは生物多様性がどう映るのか（暮らしの生物多様性）を検討している。そして，今後，里へ多大な影響を及ぼすであろう先住民によるアブラヤシ栽培の拡大と里から都市への人口流出が里利用にどのような影響を与え，「暮らしの生物多様性」とそれを支える知がどうなっていくのかについて論じる。

　サラワクの里においてモザイク景観を生み出してきたのは，焼畑をおもな生業とする先住民である。焼畑は世帯あたり，たかだか2haの森林が伐採・火入れされて作られる。作物の収穫後はそこが放置され，森林に回復していく。つぎの年には別の森林に移り，そこが伐採・火入れされて焼畑が作られる。これが何年にもわたり繰り返され，モザイク景観が形成されていく。その形成の原動力は，先住民が有する里の知であるといってもいいだろう。知は動植物に関するものだけではなく，先住民がこれまで生きてきた社会・経済的な環境に適応するためのものもある（Ichikawa 2004）。あるいは，里のモザイク景観やそれを形成する知は，彼らのなかに埋め込まれた「文化」といってもいいのかもしれない（古川 1992 参照）[*3]。

　ただし，今日の先住民をとりまく環境は急速に変化している。もっとも著し

い変化が本章の題にも示されている先住民によるアブラヤシ栽培の拡大と都市化であると考えられる。アブラヤシ栽培の拡大の背景には，経済のグローバル化の進展がある。グローバル化を背景にした里への影響は，これまでにも20世紀初頭から始まった里でのゴムの植栽や，1960年代以降に進んだ企業による木材伐採などがみられてきた。しかし，今日のアブラヤシ栽培による生態環境あるいは先住民社会に与える影響は，以前と比較して相当大きいと考えられる。サラワクの都市化は，経済発展に伴い，とくに1980年代以降本格化した。都市化が先住民の暮らしに及ぼす影響に関する研究はこれまでいくつかみられるが（Kedit 1980, Sutlive 1972），近年みられる影響は以前にも増して格段に大きくなってきている。

　以下では，まず，はじめにサラワクの里のモザイク景観が，生物多様性の観点からあるいは「暮らしの生物多様性」の観点からどのように位置づけられるかについて，最新の研究成果をもとに説明した後，近年までの里の変化について述べている。つぎに先住民によるアブラヤシ栽培の拡大について，里のアブラヤシ園化が急速に進んでいる地域と，アブラヤシ栽培が今日まさに入りつつある上流域の様子を述べる。続いて，都市化による影響に関して，里から都市への人口流出により，空き室が目立つロングハウスの事例を取り上げ，そこの里の様子を紹介する。最後に，今後の里の変化としてふたつの方向を予想している。下・中流域を中心に進むアブラヤシ園化と，中・上流域での里の人口減少・高齢化に伴う二次林の成熟林化である。これらにより「暮らしの生物多様性」とその知はどうなっていくのか，また，「里」の荒廃が他人ごとではない日本を含め，里での暮らしについてどう考えていけばいいのかについて論じている。

3-2　暮らしの生物多様性

3-2-1　生物多様性からみた里のモザイク景観

　里に暮らす先住民についての人類学的な研究は，これまである程度進展してきた一方，彼らが利用してきた森林の質についての研究は不十分であっただろう。すなわち，モザイク景観の生態系や生物多様性はどう評価できるのか，生

物学や生態学などの研究成果が示されるようになってきたのは最近である。日本の里山は生物多様性が高いことで評価されているが、ボルネオの里はどうなのか、近年の研究成果を紹介しよう。

　近年まで生物学や生態学の研究者たちが研究対象としてきたのは、生物多様性が高い原生林であった。ここ30年ほどは、これまで容易に近接することができなかった原生林の林冠部が研究フロンティアとなり、数年ごとにおこる樹木の一斉開花現象などが研究者たちの好奇心を惹きつけている。しかし、近年では、人手がすでに入った里の二次林や農地も徐々に研究対象になってきた。その背景には、商業伐採やプランテーション開発により原生林が急速に縮小している現状がある。テレビ番組で紹介されているようなうっそうとした巨大な熱帯雨林は、ボルネオではスポット状に残るのみである。生物多様性の保全を考えるには、わずかに孤立して残った原生林ばかりでなく、その周りの人手の入った広大な森林の生態を解明し、そこの管理についても研究対象に加える必要に迫られてきたのである。

　2010年に名古屋で開催された生物多様性条約の締約国会議（COP10）では、「SATOYAMAイニシアティブ」という概念が主催国の日本から打ち出された。日本の里山は、常に人の手が加え続けられ利用されてきたにもかかわらず、生物多様性の高い場所である。それは、国際的に議論されてきた「持続的利用」や「賢い利用」といった概念のかっこうの例であったのだろう。地域の人々によって暮らしのために利用されてきた里山のような土地利用は、世界中のいたるところにある。原生林ばかりでなく、SATOYAMAに着目し、そこを上手に利用・管理することにより生物多様性の保全を進めようという考え方である。

　では、熱帯雨林のSATOYAMA、すなわち本書でいう里の生物多様性はどうであろうか。サラワクにおいても近年、里の生物多様性に関する研究が生物学や生態学の研究者により進められている。里には、焼畑、さまざまな林齢の二次林、ゴム園、これまでさほど人手が入っていない保存林（*pulau galau*）[*4]など多様な土地利用がみられる。そこでの生物多様性はどのような状況なのだろうか。最近の研究結果では、里の土地利用ごとに状況は異なることがわかってきた（Takano et al. 2012）[*5]。たとえば、樹木の多様性は、若い二次林やゴム林で低く、古い二次林ほど高くなり、保存林ではさらに高い。しかし、総じて、原

生林での圧倒的に高い多様性に比べれば，里の土地利用では動植物のほとんどのグループで低下することがわかってきている（Takano et al. 2012）。

日本の里山では，チョウ，ハチ，カミキリなどのグループは草地のような開かれた場所を好み，森林化が進むと出現種数は減少する。しかし，熱帯雨林ではそのようなグループであっても開かれた環境ほど種数が減少する傾向にある。甲虫のグループでは，二次林における多様度は原生林と比べさほど下がらないが，原生林ではさまざまな種の出現度がバランスよくみられるのに対して，二次林では特定の一種が極端に優占して出現する。

原生林から里へ植生が変化することにより生物種の多様性が減少するのに従い，生態系の多様性も減少する。それに伴い，送粉，種子散布，分解といった生態系機能も変化する。たとえば，アブラムシ類のような半翅目昆虫とアリの間には，前者が後者に甘露という餌を提供し，後者が前者を天敵から守るという，相利共生関係[*6]がいたるところでみられる。原生林の林床と里の若い二次林の林床との間でこの相利共生関係を比較すると，面積あたりの発生頻度は両者の間に大きな差はないが，関与しているアリ種の多様性は若い二次林に比べて原生林の方が著しく高くなる（Tanaka et al. 2007）。

日本の里山と異なり，サラワクの里において動植物，および生態系の多様性やそのバランスが劣るのは，長期にわたる植生の形成過程と人間活動との関係が大きな要因のひとつと考えられている。すなわち，日本では約1万年前の最終氷期終盤にまだ広かった草地などの開けた植生に適応した種が多くみられた。温暖化による森林化が進むなかで，それらの種は，当時（縄文時代）の人々によって開かれ，今日まで里山として維持されてきた開放的な環境で存続することができた（守山 1988，鷲谷 2001）。これが日本の里での生物多様性が高いひとつの大きな理由である。これに対して，サラワクでは近年にいたるまで森林植生が常に卓越して維持されてきたため，ほとんどの動植物は原生林のような閉ざされた環境に適応しているということである[*7]。

原生的な熱帯雨林は，きわめて高い生物多様性を有するので，一度伐採されるとその完全な回復は不可能である。回復の度合いは，人による攪乱の強度と期間，あるいは動植物の供給源となる原生林からの距離によってくる。当然，攪乱の強度が強く期間が長いと回復は遅くなる。人からの影響が同程度であれ

ば，原生林から近い森林ほど生物多様性の回復は高くなる傾向がある（Momose et al. 2008）。

　ただし，サラワクの里の生物多様性が原生林よりは劣るとしても，近年，急速に拡大しているプランテーションよりははるかに優れている（Koh & Wilcove 2008）。アブラヤシやアカシア・マンギウムのプランテーションでは，植物に関してはそれら作物の1種とわずかな種数の下草が広大な範囲にみられるだけである。殺虫剤や除草剤による影響も大きいだろう。一方，里では保存林のように人手があまり入っていないため生物多様性が高い場所も点在している。里が多様な土地利用のモザイク景観を呈していることにより，動物の移動や種子の散布などによる生態系保全・回復の効果も高くなる。

3-2-2 「暮らしの生物多様性」からみた里のモザイク景観

　モザイク景観の主となる二次林は，収穫後に放置された焼畑の土地に回復してきた森林である。先住民はなぜモザイク状の土地利用を形成するのだろうか。背景には，生態的な要因と社会的な要因があげられる。生態的要因についてはすでによく知られているだろう。熱帯雨林気候下では一般的に土の肥沃度が低く，農作物を栽培する上で雑草が旺盛で，病虫害もしばしば発生する。そこで焼畑では土が肥沃で雑草や病虫害が少ない森林（おもに二次林）が毎年新たに切り拓かれ，農地として利用されるというものである。

　社会的要因については労働力や生活スタイルが関係する。焼畑は基本的に世帯ごとに行われてきた。ひとつの世帯の労働力で拓ける焼畑は，チェンソーなどの動力や除草剤・農薬に頼らなければ，たかだか2haである。これがモザイクを構成する一片の面積となる。収穫後に放置された焼畑を追うように，他の土地利用が形成される。焼畑跡であれば，森林を伐採する手間がかからないからである。たとえば果樹林[*8]は，焼畑の一部や焼畑のそばの作業小屋周辺に果樹の種がばらまかれて育ったものである。ゴム園は，焼畑跡にゴムの稚樹が植えられて作られることが多い。焼畑をおもな生業としている先住民は，基本的にロングハウスという長屋式の家屋に集住している。彼らはロングハウスを同じ村の領域内でしばしば移動させるため，それに伴い農地が拓かれる場所も移っていた。このようにして村の領域にモザイク景観が広がっていく。

近年までは，先住民があるひとつの商品作物に限って広大な農地を作ることは難しかった。広大な農地造成や苗木購入に投資できる財力がなく，一般に価格の変動が大きい商品作物のうちあるひとつに絞って投資するのはリスクが高い。このような結果，1～2haの焼畑や焼畑跡に成立した二次林が村内に散らばり，果樹林やゴム園などとともにモザイク景観が形成されてきた。

　里にみられるさまざまな土地利用の生物多様性には，すでに述べたように高低がみられる。では，生物学や生態学といった科学の視点からではなく，そこに暮らしている先住民の目からはどのように「生物多様性」はみえているのであろうか。こうした問題意識の下，先住民イバンの里にみられる樹木利用について聞いてみた。その結果，土地利用の使い分けの様子がみえてきた（Kaga et al. 2008）。たとえば，樹齢の低い二次林からはシダ類など日常のおかずになる山菜がよくとられる。林齢の高い二次林からは，ラタンのつる（マットや籠などの製作用）や新芽（食用），ラタン以外のヤシ類の新芽（食用）がとられる。保存林からは，住居の建て替えのときに使う木材や薬となる植物がとられている。

　したがって，先住民にとって二次林は，焼畑を拓くために土地を単に休ませている以上の意味がある。二次林は，生物学や生態学の観点からの生物多様性は低くとも，先住民の暮らしの視点からみた「暮らしの生物多様性」の価値はあるといえよう。林齢の異なる二次林や保存林をモザイク状に住居の周りに配置することにより，彼らは暮らしの利便性を高めているともいえる。

　先住民が有する知のひとつとして，農地を二次林に戻し，また利用するという循環的な土地利用があると考えられる（Ichikawa 2004）。二次林は焼畑にとって優良な土地であるばかりでなく，他のさまざまな作物にとっても優良な農地となる。とくに近年は，新たな商品作物がつぎつぎと現れては価格が下がり消えていく状況下である。もし，もうけが出ずに作物が定着しない場合，栽培をやめ放置すればそこは二次林に返り，つぎの新たな商品作物への農地提供に備える場所となる。商品作物の大きな価格の変動に先住民たちはこれまでも翻弄されてきた。このようななか，少しでも社会・経済的環境に柔軟に適応していく上で二次林は重要な役割を果たしている。

　モザイク景観と先住民の精神的なつながりについても触れておこう（Ichikawa 2008）。私がよく訪ねるイバン人の村で，彼らとともに里を歩いて

いると「ここは，ひいおじいさんが植えた果樹林」「このゴム園はおじいさんが日本時代[*9]よりずっと前に植えた」などと土地の履歴を説明してくれる。古くから受け継がれてきた土地について語る彼らは誇らしげである。初老の男と里の奥まった場所に足を運んだときに「ここには日本時代に暮らしていたロングハウスがあった。今の若い者はほとんど知らない」と話してくれた顔も誇らしげであった。彼らは，何世代にもわたり受け継がれた土地を有し，そのことをきちんと知っていることを誇りに思うのである。モザイク景観は，先住民にとって経済的・物質的な重要性だけではなく，精神的な重要性も有している。いうまでもなく，それを支えているのは，語り継がれる土地の履歴についての知である。

3-2-3　先住民の暮らしと里の変化

ただし，上で述べている里のモザイク景観は，決して静的なものではなく，これまでも里をとりまく環境の変化の影響を受けてきた。近年までの変化の様子を簡潔にまとめておこう。先住民の暮らしの変化については拙著（市川 2008）ですでに述べているので，ここではそのあらましを里の変化を中心に説明する。先住民の里の変化は，サラワクを統治するイギリス人ブルックの到来（1839年）を境にして，その前後に分けることができるだろう。それは，いよいよ本格的なグローバル化の波がアジアの辺境ともいえるボルネオにも押し寄せてきたことの象徴であるといえよう。

ブルックが到来する前にあっても，相当以前から先住民によって林産物が熱帯雨林から集められており，今の中国などに向けて輸出されていたが，輸出総量は今日から比べればわずかであったろう。当時の先住民は，焼畑や狩猟採集など森林を基盤とした生活をしていた。先住民たちは，焼畑を拓くための新たな森林を求め，ときには流域を大きく越えつつ移住を繰り返していた（Pringle 1970）。

ブルックの到来以降，近年にいたるまで里のありように影響を与えたおもな出来事を3つあげる。ひとつは，政策により先住民の移住や森林開墾が制限されるようになったことである。[*10]移住者と先住者との間で頻発する土地争いや，原生林が開墾されることによる森林資源の減少が懸念されたためである

（Pringle 1970）。先住民の移住や開墾を制限する政策は，後述するように，その後，今日にいたるまで引き続き強化されてきた。サラワク州政府は1958年以前に原生林を拓きすでに利用していた土地（以下，先住慣習地）に限って，先住民が慣習的に利用できる権利を認めている。それ以外の土地は，開発可能な州有地として確保したのである。しかし，どこが先住慣習地なのか明確な境界が引けるわけではない。そのためとくに1980年代以降，森林開発がさかんになってくるとその範囲をめぐって，先住民と政府・開発企業の間で争いが頻発するようになる。

　ふたつめは，前項でふれたように，国際市場へ向けた商品作物の導入である。20世紀初頭にサラワクに入ってきたゴムが，里の土地利用に大きな影響を与えた。地域によっては，里が「ゴムでいっぱいになった」と表現されるほど先住民により植栽が進められた（祖田 1999）。サラワクのゴム生産のひとつの特徴は，担い手が企業や政府でなくほとんどが先住民であったことである。これには，ブルック政府が企業の参入を抑えたこと（Pringle 1970）に加え，ゴムが先住民の生計に組み込みやすい性質をもっていることが理由としてある。

　ゴム園を作るのは容易である。既存のゴム園の林下の実生苗を引き抜き，焼畑の収穫あと地に植えればよい。ゴム樹液の収穫も簡単な手作業である。採取したゴム樹液を固形化させたゴムシートは保存がきく。量を貯め，価格が上がったときにまとめて売りに出せるし，価格が悪い期間には樹液採取を中断し，価格がよくなったら再開することもできる。実際，1960年代以降，1990年後半までは価格が低かったため，放置されやぶの繁ったゴム園が多かった。しかし，それ以降，価格が持ち直すとやぶを刈り払い，樹液採取を再開した先住民が多い。コショウは1900年代初めには植えられるようになったが，やはり価格の変動に応じて栽培に盛衰がみられた。いずれにしてもゴムやコショウは，前述のように里のモザイク景観の構成要素の一部となっていった。

　3つめは，里やその周辺での森林資源の開発，とくに商業木材伐採である。里の外の森林では，20世紀前半まではラタンや野生ゴムなどの林産物が輸出品として先住民によって集められていた。しかし，1960年代以降は企業がフタバガキ科樹木を伐採するようになった。1970年代から1990年代まで多くの先住民が伐採に関連する出稼ぎに出た。木材伐採に関連するさまざまな仕事が，

多くの先住民に現金収入をもたらしたことは確実である。一方で社会的な問題ももたらした。伐採企業は，しばしば先住民が自らの里，すなわち先住慣習地と認識している土地から木材を無断で切り出した。先住民はそれを止めようとするが，企業や伐採許可を出した州政府は，そこを先住慣習地外の州有地であると判断していることが多いので，引き続き伐採を進める。これに対抗するために先住民たちは，伐採道路にバリケードを作り封鎖するなど実力に訴え，伐採が里へ侵入することを防ごうとした。西欧の環境・人権NGOなどによる先住民への協力もあり，サラワクの森林伐採に反対する世論が国際的に高まった。

近年では，木材伐採に加えて，1980年代以降急速に拡大しているアブラヤシ・プランテーションの造成がたびたび里を侵食する。先住民は，道路封鎖などの実力行使を続ける一方，裁判所へ訴訟を起こすことで対抗するようになってきた。先住民側が勝訴する事案も出始めている（本書第6章や市川（2010）を参照）。現在，200余りの事案が係争中であるという[*11]。実力行使や訴訟は，里を脅かす森林開発に対抗するために，NGOや弁護士など村外と結びつきながら形成されてきた近代的な新たな知といえるのかもしれない。

以上，これまで先住民の暮らしと里の変化について，近年までの状況を概説してきた。商業伐採とその後のプランテーション造成が進むなか，原生林は急速に縮小している。このような状況下，先住民の里におけるモザイク景観が生態系や生物多様性の保全に重要な役割を果たすことへの期待が高まっている。では，この先住民のモザイク景観形成の基盤になっている彼らの知は，先住民や彼らの社会に内包されてきたものであり，強い継続性をもつものなのであろうか。以下では，今後の里のゆくえを，示唆すると考えられるふたつの事例を紹介する。ひとつは，とくに2000年以降増えてきた先住民による里でのアブラヤシ園の造成である。もうひとつは里の人口減少・高齢化についてである。

3-3　アブラヤシ栽培により単調化する里のモザイク景観

3-3-1　里へのアブラヤシの導入経緯

サラワクにおいて，アフリカ原産のヤシ類であるアブラヤシが商業目的のために本格的に植えられ始めたのは1960年代後半からである。当時，建設が進

められていたミリ・ビントゥル道路沿いにイギリスからの援助を受け，プランテーションが造成された。サラワク東部の都市ミリやビントゥルあたりは，先住民が比較的少ないため造成時にもめごとが少なく，道路さえできればパーム油生産にかっこうの地域であった。とくに1980年代以降，収穫物であるアブラヤシの実の価格が上がってくるにつれ，プランテーションはサラワク各地で急増した。今日では平坦で道路網の発達した海岸沿いの平地の大半で森林は伐採され，アブラヤシ・プランテーションに転換されている（Sar Vision 2011）。

　アブラヤシには，前述のゴムとは異なるいくつの特性がある。パーム油は劣化しやすいため，収穫後の実の長期保存がきかず，1～2日以内に搾油工場へ出荷しなければならない点がもっとも大きな違いであろう。運搬するにも，果房はひとつ30～40kgになるため，人力では効率が悪い。このためアブラヤシ園には，輸送用の自動車が近接できる道路が必要となる。搾油工場も近いところになければ時間とコストがかかってしまう。ゴムでは，高収量の接ぎ木苗を望まなければ，苗木はすでにあるゴム園の林床から実生を引き抜き，苗として植えることができる。しかし，アブラヤシの場合には，油の品質を確保するため，保証書つきの種や苗木を購入して植えなければならない。アブラヤシ園を造成するためにはある程度の投資と基盤整備が必要である。

　このため，サラワクにおけるアブラヤシの生産は，かつてゴム園のように小農の先住民によってではなく，企業による大規模なプランテーション造成によって拡大していった。しかし，近年では先住民による里への植栽がさかんになってきており，かなりの大面積で栽培している場所もみられる。サラワクでは，小農によるアブラヤシの生産量が年々増加しており，2010年で全生産量の6％に達している（Department of Statistics Malaysia 2011）。上記のように，先住民が扱うには難点があったアブラヤシの栽培がなぜ増えてきたのであろうか。要因を3つにまとめてみた。

　ひとつは経済的な側面である。商品となるアブラヤシの実は，かつてのゴムやコショウと異なり，長期間比較的安定して高価格が継続している。このことが先住民によるアブラヤシ栽培が増えてきた最大の要因だろう。先住民側の経済状況も変わってきている。サラワク東部では，1970年代以降にバラム川流域において木材伐採がさかんになった。先住民は伐採にかかわるさまざまな仕

事につき現金収入を得た。その収入を元手として，ある程度の初期費用がかかるアブラヤシ栽培へも投資できるようになっていった。よい価格が継続しているので，実を売った儲けを再投資して栽培を拡大できる。生産のさかんなところでは，後述するように重機やトラックを駆使して広大なアブラヤシ園を造成している。

　ふたつめは，道路や搾油工場の建設により，先住民がアブラヤシ栽培に参入する環境が整ってきたことである。サラワクでは，1963年のマレーシア連邦への編入を契機に海岸低地に分布する町々を結ぶ幹線道路の整備が始まった。企業のアブラヤシ・プランテーションもこの幹線道路沿いに広がり，搾油工場も点在するようになる。低地に分布している村々の先住民は，幹線道路やそこからの支線沿いにアブラヤシ園を作ることができ，搾油工場への出荷も容易という好条件下にある。

　3つめは里の開発を進める政策がとられてきたことである。政府はこれまで焼畑を非効率で環境破壊を引き起こす農業と捉え，定着的で効率のよい農業への転換を目指してきた。政治家は，里に広がる二次林を「遊んでいる土地」としばしば指摘し，積極的な開発の必要性を訴えてきた。農業局は定着的な農業と先住民の収入向上のために，これまでもゴム，コショウ，カカオなどさまざまな換金作物の苗や，それらの栽培に必要な肥料や除草剤などを先住民に提供してきた。アブラヤシの苗も同様に配られている。

　政策に関して，里のアブラヤシ園化に大きな影響を及ぼしたのは，民間企業を取り込んだものである。法律上，先住慣習地は先住民のみが保有し，利用できることになっている。企業は先住慣習地にプランテーションを造成したくともそこには手が出せない。そこで先住民，州政府および企業の3者が組んだ法人を作ることにより，先住慣習地において企業主体のプランテーション開発を進められる制度が作られたのである（第6章参照）。これまでのところ先住民への配分利益が支払われないなど問題が多く，大きくは普及していないが，サラワク各地で徐々に実施例がみられるようになってきた。この政策は，企業による里の開発に加えて，後述するように先住民自らによるアブラヤシ園造成を促進している。

3-3-2 先住民による里へのアブラヤシ植栽事例

里のアブラヤシ園化がさかんな地域

　先住民による里のアブラヤシ園化がサラワクでもっとも進んでいる地域のひとつとして，ここではウルニア（ulu Niah）周辺（図3-1）の様子を簡潔に報告しよう。先述のように，サラワクにおけるアブラヤシ・プランテーションの造成は，1960年代後半にミリ・ビントゥル道路沿いで始まった。早くから道路と搾油工場が整備されていたという好条件下，道路沿いに位置する村々では，個々の先住民が早い時期から里にアブラヤシを植栽しているところが多い。早くは1970年代終盤より農業局からの苗木補助を受けながら植え始めている。

　ミリ周辺の人々にアブラヤシ栽培がもっともさかんな村はどこかと尋ねると，「最近ではウルニアだ」という答えが返ってくる。ウルニアは「ニア川上流」

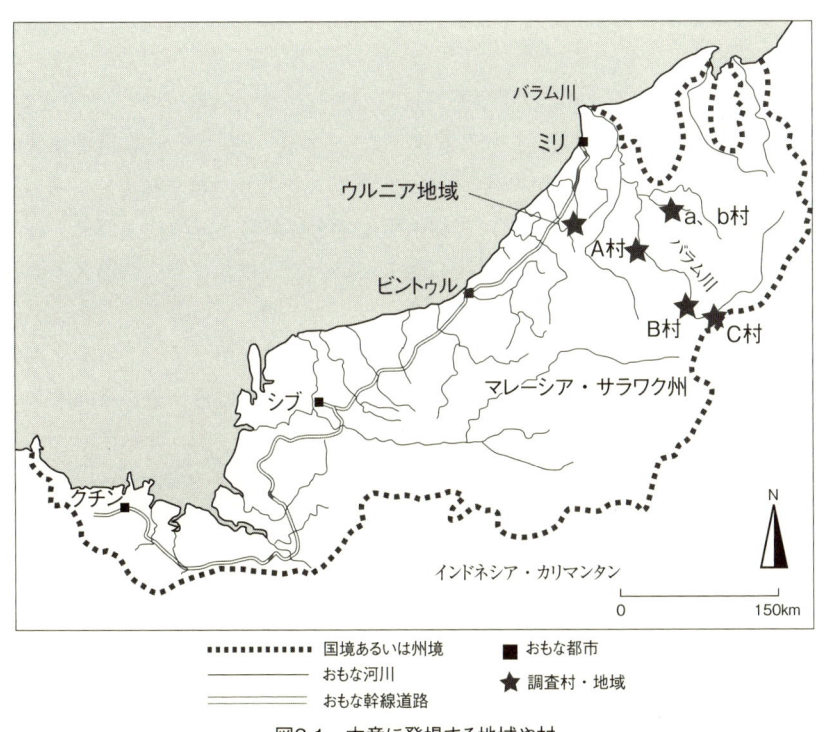

図3-1　本章に登場する地域や村

を意味する。自動車だと，ミリからミリ・ビントゥル道路を南西に進み，ミリとビントゥルのちょうど中ほどを流れるニア川の橋を渡ってから左折し，さらに 20km 余り上流に向かって進んだあたりである。もっとも奥まったところにあるイバン人のふたつのロングハウスでアブラヤシ栽培がとくにさかんである。

ひとつのロングハウスにいたると，その前には「ハイラッ」[*12]と呼ばれるピックアップトラック(以下，ピックアップ)が数多く並んでいる。そのなかに「ローリー」と呼ばれる積載量 3 〜 4 トンのトラックが混じっている (写真 3-1)。わきには小型のショベルカーもおかれている。ピックアップはアブラヤシ栽培に必要な資材や収穫物を運搬する。ローリーはおもに収穫物の運搬に使う。ショベルカーは植栽地のテラスや道路造りに活躍する。そのロングハウスの全世帯数は 69 であるが，住人に聞くと，なかにはピックアップを 2 〜 3 台所有している世帯もあるという。ピックアップを有していないのは 7 世帯のみであるが，彼らも普通車はもっているという。また，14 世帯がローリーを，5 世帯がショベルカーを有している。

ほぼすべての世帯がアブラヤシを栽培しており，少ない世帯でも 1000 本 (6 〜 7ha) ほどは植えている。1 万本前後 (60 〜 70ha) を有している世帯は 5 つはあるという。斜面地ではショベルカーでテラスを造り，苗を植えている (写真 3-2)。大面積を有する世帯は，専従の労働者を農園の小屋に住まわせ，栽培させている。世帯内の労働力だけでは足りないので，ロングハウスの人々の賃金労働に加え，近接する企業のプランテーションで働いているインドネシア人労働者の賃金労働に頼っている。両者とも賃金は同じだが，インドネシア人労働者の方が重労働をいとわず，農園への苗の植え付けや収穫作業などの厳しい仕事によく耐えると評価されている。

ここのロングハウスの人々が初めてアブラヤシの栽培を始めたのは 1980 年代半ばであり，ミリ・ビントゥル幹線道路沿いの村々と比べるとやや遅い。はじめは数世帯が農業局の補助を受けながら 300 本ほどの苗を植えた。当時，収穫物はトンあたり 80 リンギで売れたが，搾油工場までの運搬代がトンあたり 50 リンギであったため，ほとんど儲けはなかったという。今日のように栽培がさかんになったのは，その後，価格が徐々に上がってきたことと，先述したような村・企業・州政府合同の法人設立 (1999 年) を契機としている。企業は，

写真3-1　ロングハウス前に並ぶローリーやピックアップ。ウルニアで

写真3-2　テラスを造成し植えられたアブラヤシの苗。ウルニアで

第3章　里のモザイク景観と知のゆくえ　　109

アブラヤシ園造成のための里内の道と，近隣の搾油工場までの道を整備した。村人はこの道沿いにアブラヤシ園をつぎつぎに拓いていった。

ミリ・ビントゥル道路という幹線道路からやや離れていたことも，アブラヤシ園を拡大していくのに有利な条件のひとつであったようだ。幹線道路沿いの村々での話によれば，そこの村々は企業によるアブラヤシ・プランテーションや採石場などにすでに取り囲まれており，村人がアブラヤシ園を新たに拓く余地に限りがある。これに対して，幹線道路から離れ企業プランテーションが少ないウルニアには，まだ未開発の森林が広く，村人がアブラヤシ園へ転換する余地が大きいというのである。

8000本（50haほど）栽培しているというひとりの村人の話を紹介しよう。彼は1997年から植え始めたという。十分に施肥していれば，成木した農園からはヘクタールあたり2トン／月とれるが，苗の新植地や若いアブラヤシも多いため，現在（2012年7月）は月40～50トンの収穫を得ている。トンあたり500リンギで売れば，月あたり2万～2万5000リンギ（約50～60万円余り）の売り上げとなる。収穫作業の人件費（40～50リンギ／トン）や，これまでかかった農園の造成・栽培の費用を除いても相当の収入である。村にはここ数年で村外での働き先をやめて帰り，アブラヤシ栽培を始めた若者が毎年何人かずついる。ウルニアの村人によるアブラヤシ栽培は今後しばらく拡大し続けていくようである。

里のアブラヤシ園化のフロンティア地域

ウルニアを含むミリ・ビントゥル道路沿いにみられるようなさかんな里のアブラヤシ園化は，サラワクのどの地域でも同じような勢いで進んでいるわけではない。しかし，これまでアブラヤシ栽培など想像もできなかった山奥でも，今日ではそれがみられるようになってきた。バラム川中・上流域の例を紹介しよう。

先住民による里でのアブラヤシ栽培は，相当上流域でもみられるようになってきた。栽培に不可欠ともいえる道路は，海岸沿いの低地とは異なり，ほとんどは企業による木材伐採に伴い造成されてきた。バラム川流域では1960年代から1970年代前半までの伐採は，おもに河川によって河口まで木材を流下させていたため，流量が多く河川の運搬能力が高い下流域の河川沿いが伐採対象

地域であった。1980年代以降になると道路が造成されるようになり，伐採が中・下流域の河川から離れた森林や上流域の森林にまで進んだ。先住民たちは，村周辺の木材伐採を企業に許す条件のひとつとして，伐採道路から村までをつなぐ道路の建設を要求することが多い。今日，先住民のおもな移動経路は，以前の河川から道路が中心になっている。

　下流の都市ミリから自動車で3時間半かかる中流域のA村では，すでに先住民によりアブラヤシが相当植えられている（図3-1，写真3-3）。ロングハウス周辺には，2，3台のローリートラックが停められている。そこから下流の搾油工場までの収穫物の運搬費はトンあたり150リンギ（約3800円）である。A村から自動車でさらに2時間ほど上流にあるB村（図3-1）でも，数世帯による栽培がみられ，2011年から収穫が始まっている。農業局から補助を受けた苗木を植えている世帯が多いが，なかには自分で購入して植えている者もいる。B村からの収穫物の運搬費は，トンあたり200リンギ（約5000円）かかり，かなり割高となる。2012年7月時点でアブラヤシ栽培がみられるもっとも上流の村はC村である（図3-1）。ここでは，2012年の時点でまだ実の収穫は始まっていない。このようにバラム川のかなり上流の村々にもアブラヤシ栽培は徐々

写真3-3　バラム川中流域の里のアブラヤシ園からの収穫。ここからローリーで1時間半ほど下流の搾油工場まで運搬する

に拡大している。

　上流域の村人たちと話すと，今は運搬費が高くつき，下流と比べると儲けは少ない。だが，赤字にはならず収益は小さいながらも得られる。さらに，将来的には現在計画中のダム開発に伴って道路はよくなるだろうし，下流の搾油工場まで運ばなくとも収穫物を引き取ってくれる仲買場が近くにできるだろう。だから，今から徐々に農園造りを始めていくという。サラワクの奥地であるバラム川上流でも，このように里のアブラヤシ園化は確実に進行している。

　これまで本節では，サラワクの里のアブラヤシ園化の事例として，今日，大規模なアブラヤシ園化が進んでいるウルニアと，フロンティア地域とでもいえるバラム川中・上流域の状況についてみてきた。今やウルニアの住民たちはショベルカーを購入し，自ら道を拓き，広いアブラヤシ園を造成できるようになっている。今後，道路と地形の条件に恵まれている海岸沿いの低地の村々では，アブラヤシ栽培はさらに拡大していくだろう。そして，里のアブラヤシ園化は次第に中・上流域にも広がっていく。

　里のアブラヤシ園化が進むにつれて，先住民の仕事はアブラヤシ栽培が中心になっていく。実際にウルニアでは，かつての中心的な生業であった焼畑や湿地での稲作が行われなくなってきている。近年，すべての世帯が焼畑や湿地稲作をやめてしまったロングハウスもある。彼らは，スズメの食害で収穫がほとんどないことをやめた理由にあげるが，背景にはアブラヤシ栽培からの収入で米を購買できることがある。かつてのように，二次林からさまざまな産物を採集することも少なくなっているという。このようななか，今後，次第に里の利用に関する知は減少していくと考えられる（第1章参照）[*13]。

3-4　中・上流域の里で進む人口減少・高齢化

3-4-1　バラム川中・上流域の状況

　日本における農山村の過疎・高齢化に関する問題はきわめて深刻であり，集落の維持が困難な状況を指す「限界集落」という言葉も広く一般に知られるようになってきた。過疎・高齢化により集落の自然資源の利用や集落社会に関する知が継承されずに消えゆく危機にある。意外かもしれないが，サラワクの村々

でも人口減少の兆しがあり，村によっては過疎ともいえる状況がみられる。バラム川中・上流域の村々を事例にしてその状況を述べていこう。

　バラム川の中・上流域を訪ねると，ロングハウスに人の気配がほとんど感じられない村がいくつかある。多くの場合，ロングハウスにはそれを貫く通廊が共通の場としてあり，通廊に沿って世帯ごとの居室が並んでいる。居室数は30〜150ほどとロングハウスによって異なる。ひとつのロングハウスにはひとりの長がおり，基本的にひとつの村である。ロングハウスは長い一棟建ての場合もあれば，スペースの関係で何棟かに分かれている場合や戸建ての家屋が周りに建っている場合もある。

　昼間は農作業などに出かけており，どの村のロングハウスも人は少なくなるのだが，人気のないというロングハウスには，夜になっても昼と変わらず人影がわずかである。そうしたロングハウスの居室の大半は空き室となっており誰も住んでいない。なかには7割が空き室のロングハウスもみられる（写真3-4）。人の住んでいない居室を窓からのぞくと，なかはホコリだらけとなり荒れている。多数のツバメが巣を作り，割れた窓ガラスからさかんにツバメが出入りしている居室もある。まるで，過疎・高齢化が進んだ日本の山村の朽ちかけた空き家をほうふつとさせる。

　残っている住人に話を聞くと，働き先の伐採キャンプに住み込んでいる世帯もいるが，ほとんどは下流の都市ミリに移住しているという。そのロングハウスの人々は私に向かって「おまえは来る時期を間違えた。クリスマスにはミリから全員戻ってくる。居室がいっぱいで寝られずに通廊で寝るほど人があふれている」と言う。彼らはかつてのアニミズム信仰からキリスト教信仰に代わっており，クリスマスが年最大の祭りごとになっている。かつては村全戸参加の共同作業で行っていたロングハウス周りの草刈りや清掃もままならなくなり，冠婚葬祭が行われることもめっきり少なくなったという。

　空き室率7割は極端な例だとしても，近年，1〜3割が空き室というロングハウスは中・上流域で普通にみられる。空き室が生じる大きな理由は，人々の都市への流出である。サラワクにおいて，農村と都市の居住人口の割合は，1980年には5対1ほどであったのが，2000年にはわずかに農村人口（52％）が上回るもののほぼ均衡した。サラワクのなかでも発展の著しい都市ミリを擁

写真3-4　ほとんどの住人が都市ミリへ移住し，人気のないロングハウス

するミリ省では，2000年には都市人口が56％とすでに上回っている。ミリ省は都市ミリを擁する下流域のミリ県（district）と，森林や里が卓越しバラム川中・上流域にあたるマルディ県に分かれるが，両県の人口の増減率は1991年から2000年の間でそれぞれ3.5％および−0.04％，2000年から2010年の間で2.88％および−1.25％である[*14]（Department of Statistics Malaysia 2011）。これは，中・上流域のマルディ県から下流の都市ミリ（ミリ県）への人口移動を示唆している。

　かつてミリ周辺は平坦で広大な湿地林に覆われていた。1980年代以降，湿地林がつぎつぎに開拓されて新興住宅街に代わってきている。住民には華人もいるが，サラワクの中・上流域から移ってきた先住民も多い。なかでもバラム川流域出身者が多くを占める。ミリ郊外の2DKぐらいの小さな家でも20万リンギ（500万円）[*15]ほどして，先住民にとっては決して安い買い物ではない。彼らのなかにはミリでの土木・建設の仕事や海底油田採掘の海上基地での仕事などからの収入を元手に購入する者もいるが，とくにバラム川中・上流域の出身者は，1970年代以降からの木材伐採関連の仕事による儲けを元手にしていることが多い。

　バラム川上流出身の私の知人は，2003年にミリ郊外の新興住宅地の建売家

屋を購入している。彼は16歳（1983年）から伐採キャンプで木材計測の仕事を始め，その後，木材搬出をするトレーラーの運転手として2005年まで働いた。危険なトレーラー運転の仕事を辞めた後は，ピックアップトラックを購入し，ミリとバラム川上流の村々の間を往復しつつ人や物資の運搬をすることで生計をたてている。彼は「16歳で働き出したころは，まさかミリに一軒家の建売を買える日が来るとは夢にも思わなかった」としみじみ語る。当時，木材のおもな輸出先は日本であった。日本の経済成長の影響を大きく受けて，サラワクの森林開発と都市発展が進み，先住民の暮らしも変化していたのである。

3-4-2 空き室率7割にいたった経緯[*16]

　上に述べた空き室率が7割のロングハウスは，バラム川支流のトゥトゥ川のさらに支流にあり，バラム川流域全体からみれば中流域に位置している。ここではこの村をaと呼ぶ（図3-1）。a村は，焼畑農業を行ってきたカヤン人の村で，全長約380mと90mのふたつのロングハウスがある。居室数は計88あるが，実際に人が暮らしているのは26居室（空き室率70％），在村者は計89人（3.4人／居室）であり，暮らしているのは年寄りが多い。一方，周辺には同じ支流沿いに4村あるが，それらのロングハウスの空き室率は19〜38％で，70％は極端に高いことがわかる。

　空き室率19％（135居室中，空き室26）ともっとも低いのはa村の隣村bで，自動車でも船外機付きボートでも20分ほどと近い距離にある。じつは，b村はバラム川中・上流域の村々のなかでももっとも栄えている村のひとつとして認められている。そこには雑貨屋，飲食店，自動車修理店など村人経営の店が40軒近くあり，近隣の村々や伐採キャンプなどから人々が集まり賑わっている。小・中学校や保健所も設置されており，このあたりの地域の中心となっている。しかもa村とこのb村は，もともとはひとつの同じ村であったのが1920年代に分裂して現在にいたっている。もとは同じ村であった2村の間になぜ今日ではこのように大きな差がみられるのか，村人から話を聞くと大きくふたつの要因が浮かび上がってきた。

　ひとつは教育であり，これはキリスト教の布教活動と関係している。この地域にはプロテスタント系福音教会による布教が1940年代終盤に入ってきた。

当時，近隣5村をとりまとめる地域リーダーはa村の村人であった。地域リーダーは，各ロングハウスのリーダーを招集した会議の結果，全村がキリスト教に入信することに決定した。

　教会は，バラム川流域での活動のために地域リーダーがいたa村に拠点をおき，事務所のほかに飛行場や学校を建設した。1951年のことである。学校はおもにキリスト教の教義を教えることを目的としていたが，そこで村人は読み書きをおぼえることができた。a村以外の近隣4村からの生徒は，a村の寄宿舎に滞在して学ぶという不自由があったため，a村と比べて就学率は低かった。優秀な学生はリンバン（Limbang）という町の学校へ進学したが，彼らのほとんどがa村の出身者であった。

　この学校は数年で閉校し，1958年には政府によりa村に開設された小学校（6学年まで）に引き継がれた。同年にb村にも小学校が建設されたが，4学年までであり5〜6年生はやはりa村に寄宿しなければならなかったし，その他の村に小学校ができたのはさらに遅く1970年ごろであった。このため，1940年代および1950年代に生まれた村人では，a村の人々の学歴が高い傾向にある。

　a村の人々は上のような恵まれた教育環境下で，高い学歴を得ることができた。その結果，政府の役所や大きな企業に就職する者が多かった。村では，彼らのように高い学歴を得て，よい職につく者を「成功者」とみなす傾向がある。「成功者」がクリスマスなどに帰省し，皆の前で都会での暮らしのよさや教育の重要性を説くことなどにより，村ではさらに教育に重きがおかれるようになった。都市でよい職についたa村の人々は経済的に余裕があるため，ミリで大きな家を買い，村から両親を呼び寄せ暮らすことが多いという。このため，a村では空き室が多くなっているのである。

　ふたつめの要因は伐採道路の建設である。a，b村周辺では1970年代中ごろから企業による木材伐採が始まった。当初，伐採木は河川によって流下されていたが，1980年代半ば以降は伐採道路によって搬出されるようになった。a，b村周辺には，いくつかの流域から伐採された木材がすべて通過する幹線道路が建設された。村人たちは木材を積んだトレーラーや伐採関係の車両が昼夜なく行きかったこの道を「ハイウェイ」と呼んでいる。ハイウェイはb村に接して建設された。

b村のさらに上流には，狩猟採集をおもな生業としていたプナン人が多く住む。彼らは以前より近隣の農耕民と関係をもっていた。プナン人がとった獣肉や林産物と農耕民が有する塩，たばこ，布などが交換されていたのである。プナン人は伐採道路ができるとアクセスのいいb村に通うようになった。このように周辺の村の人々が集うようになるとb村の店の数も増え，さらに伐採労働者を含め多くの人々が訪ねてくる拠点となった。

　1980年代以降，伐採がさかんになると，b村の村長は頻繁に伐採会社と交渉し，村人を伐採関連の仕事に雇うように依頼した。このため，b村は近隣の村々のなかでも木材伐採に関連した仕事で働く人が多いことで知られている。[17] a, b村において，空き室の有無の調査の際，木材伐採の仕事にこれまでついた人がいる居室の数と人数を聞き取ったところ，a村では27人（18居室），b村では98人（88居室）であった。伐採キャンプは，かつてはb村の周辺に多くあり，村に戻ることが容易であったため，村での若者の数は維持された。

　一方，b村以外の近隣4つの村々のロングハウスにいたるには，幹線道路をはずれ整備の悪い支線道路を15〜30分程度入らなければならない。支線道路が建設されたのが1990年代前半と遅れた村もある。このため，b村のように人々が集まる拠点にはなりえなかった。とくにa村は，ロングハウス手前までは支線道路がついているが，そこから川にかかった橋を徒歩で渡らねばならない。ロングハウスのすぐ前まで自動車が直接乗り入れられない不便さも，多くの人が村を出ていった要因のひとつであろうと村人は語っている。

　このように，もともとは同じ村であった2村間に今日大きな差ができた要因は，教育と伐採道路であった。もう一点指摘できるのがリーダーシップであろう。かつてa村の地域リーダーはキリスト教への入信を決め，b村の村長は伐採会社へ積極的に村人の雇用を頼んだ。リーダーの動きが村のありように大きな影響を及ぼしてきたといえる。

　村の動きが活発なb村では，里利用にも変化がみられる。2004年にバラム川を渡るためのフェリーが就航し，自動車で下流の搾油工場に行けるようになると，里にアブラヤシを植える村人が出てきた。b村では在村する109戸中，34戸がすでにアブラヤシを栽培している。一方のa村では，人口減少・高齢化が里利用にも影響を及ぼしている。a村にアブラヤシを栽培している者はい

第3章　里のモザイク景観と知のゆくえ

ない。アブラヤシ栽培は儲かるだろうが，ゴムと異なり，植えるにしても収穫するにしても重労働で無理だという。その代わり在村する26戸中25戸は，かつてより行っていた湿地での稲作を規模を小さくしつつ細々と続けており，彼らが村で食べる分の米はまかなっている。商品作物としては，近年，価格が上がってきたゴムの樹液採集を10戸が再開している。ゴム園は，かつて1950年代から1960年代に植えられた古いものである。

里の人口減少と高齢化により里利用が低調になるに伴い，里の動植物に関する知はもちろん，村を維持していくための共同作業や冠婚葬祭などに関する知も消失していく。つぎの世代への知の継承も難しくなる。中・上流域の里では，先に述べたようにアブラヤシ園化が進む一方で，まるで日本を後追いするかのような里の人口減少と高齢化の兆しも多くの村々で見られ始めている。

3-5　今後の里の変貌と知のゆくえ

3-5-1　今後の里の変化

これまで先住民の里の将来を占いうるふたつの兆しについて述べてきた。ひとつは里のアブラヤシ園化で，一世帯で数十 ha の規模のアブラヤシ園を有している村の事例であった。もうひとつは村の人口減少・高齢化で，村人の多くが都市へ流出した結果7割が空き室になり，農業など里利用が低調になっている事例であった。ふたつとも今日のサラワクのなかではやや極端な事例であるが，里の今後の変化を占う上では興味深い。すなわち，本来の里のモザイク景観の今後の変化を特徴づけるのは，ひとつはアブラヤシ園化と，もうひとつは里利用が低調になることによる二次林の成熟林化であると考えている。

里のアブラヤシ園化が進展していくにはふたつの前提が，成熟林化の進展にはひとつの前提がある。アブラヤシ園化の進展に関する前提は，ひとつはパーム油の国際的需要が続き，先住民にとってアブラヤシが魅力的な価格の作物であり続けることである。米など食糧は輸入米に頼る比率が高い状態が続く。ふたつめは，とくに中・上流域で，道路の建設・管理が引き続き進められることである。成熟林化が進展する前提は，経済成長により都市が引き続き発展し，里から都市への人口流出が続くことである。

パーム油の国際需要については，新たな国や地域でさらなる需要がみこまれることや，油の新たな利用法にも開拓の余地があり，今後も増加していくと予測される。そのなかでサラワクは，労働力不足が懸念されるものの，アブラヤシ栽培のための土地開拓の余地はまだあり，今後もパーム油の生産地として発展していく可能性は高い。道路の建設や維持については，私はつぎのように考えている。中・上流域の道路のほとんどは，これまで木材伐採用として建設され維持管理されてきた。これらの道路は数年間管理がなされなければ，各所で土砂崩れや侵食がおき早々に使えなくなる。木材伐採が下火となっていく今後，道路建設・管理の担い手は，ダム開発やプランテーション開発の実施者になる。これらの開発がとどかない一部の地域の道路は荒廃していくものの，全般的に道路の建設は進み，維持管理がなされていく。現在計画されている数多くのダム開発やプランテーション開発などに牽引されて経済成長は続き，都市化もさらに進むであろう。私はサラワクにおいてこれらの社会変化がこの先10年から30年ほどの期間で，急速に進行していく可能性が高いと予想している。

　里の変化に大きく影響する条件としては，道路と地形のふたつがあげられる。今後の里は，道路へのアクセスおよび地形条件の良し悪しにより，図3-2に示すような動向をとると予想している。これは大雑把には，サラワク河川の下流域，中流域，上流域に分けて説明することもできる。すなわち下流域では，道路が整備されており，地形は平地あるいは緩傾斜地が多く2条件に恵まれている。逆に，上流域では一般的に道路や地形の条件に恵まれていない。中流域での条件は，両者の中間になると考えられる。

　サラワクの河川下流域や海岸沿いの低地では，都市に近く，道路が整備されており，パーム油の搾油工場にも近いため，ウルニアの事例が示すように先住民による里のアブラヤシ園化がさらに進んでいく。里のアブラヤシ園化と里外での企業によるプランテーションの拡大により，アブラヤシ一面の景観がさらに広がっていくだろう。一方，中流域で道路アクセスがよく地形が比較的緩やかな場所では，下流域と同様，里のアブラヤシ園化が進むだろう。そのような好条件の場所では，企業もプランテーション開発を進めるだろうから，先住慣習地か州有地かが曖昧な土地では，先住民と企業との間で土地争いが生じる可能性が高い。最後に，中流域の一部や上流域に多いと考えられるが，道路への

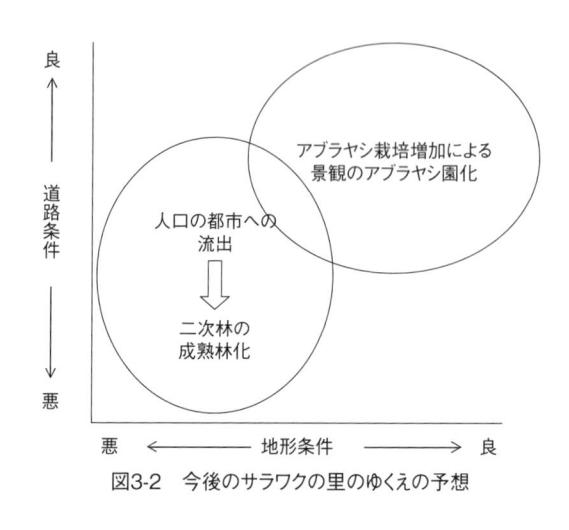

図3-2　今後のサラワクの里のゆくえの予想

　アクセスが悪く，地形が急峻な場所では，a村のように都市への村人の流出が進むであろう。高齢者が多く残り，労働力が減少するため里での農業は低調になる。これに従い里の二次林の成熟化が進む。
　都市への人口流出については，道路と地形に比較的恵まれている中・下流域でも就労や教育の機会が求められ，多くの村々で都市への移住者はみられる。とくに都市から遠い中流域より上流の村々では，多少の差はあれ都市への移住者は増えていくだろう。それらの村々では里の人口減少に伴う二次林の成熟林化ばかりではなく，アブラヤシ園化も進むかもしれない。これは，経済重視の考え方をもった都市暮らしの先住民が，故郷の里を二次林のままで残しておくのは損だと考え，自らは都市に住みつつ雇った村人やインドネシア人にアブラヤシ園を造成・管理させる場合である。もしくは，企業による里のアブラヤシ開発を容易に許す場合もあるだろう。二次林のままで残すのは損という考え方は，里での暮らしから離れ，里の知の消失により，里のもつ多様な価値が認められなくなるのと並行して強くなっていくだろう。
　アブラヤシ園化と成熟林化が進むなか，従来からの里のモザイク景観は減少していくもののまったく消滅してしまうことはないだろう。条件的にアブラヤシ園経営が難しい地域で，都市での生活になじめない者が従来からの焼畑やゴム栽培などを行い，モザイク景観を維持していくことも考えられるからである。

里の生産物への都市居住者からの需要が高まる可能性もある。たとえば，都市の富裕層のなかには，タイやベトナムからの安い輸入米ではなく，少々値ははるがサラワクの里でとれる米を購買する者が現在でも多い。今後は，米以外の里の焼畑作物の需要が高まるかもしれない。モザイク景観の里は多くはないが一部は残る可能性がある。

3-5-2 低下する「暮らしの生物多様性」と里の知

　生物多様性の観点からは，下・中流域で進むアブラヤシ園化により，里の生物多様性は低下する。とくに里内外で一面のアブラヤシ化が進む下流域や海岸沿いの低地では，生物や生態系の新たな供給源がなくなり，生物多様性の回復は著しく困難になる。これに対して，中・上流域で二次林の成熟化が進むところでは，多くの生物分類群で生物多様性は回復していくだろう。先述のように熱帯雨林が優占してきたサラワクのような地域では，里から人がいなくなり成熟林化が進む方が生物多様性は豊かになる。

　一方，とくに焼畑を行ってきた先住民が認知する「暮らしの生物多様性」は，アブラヤシ園化が進むところではいうまでもなく著しく低下する。モザイク景観のなかから採集されてきた野生の果実，山菜，木材，一部の野生獣や魚などの恵みは受けられなくなる。成熟林化が進むところでは，若い林齢の二次林がなくなり，そこに特有の産物がとれなくなることにより，「暮らしの生物多様性」とその恵みはやはり低下する可能性が高い。里の人口減少とアブラヤシ園化，成熟林化はあいまって人々が有する里の知の低下をもたらす。里の知が細々と生きのびられるのは，減少しつつも残るモザイク景観の下での生活の場においてである。

　里のアブラヤシ園化や先住民の都市居住が必ずしも悪いことであるとはいえない。基本的には私たち多くの日本人と共通した考え方に基づく変化であろう。しかし，先に述べた前提が崩れた場合のリスクは高い。パーム油の価格が暴落し，米の輸入の停滞などが起こった場合，サラワクは里からの農産物や生活物資の供給に頼って生きのびねばならなくなる。すなわち里の知を十二分に活用せねばならないときである。今日，垣間みられるグローバル化した経済・社会の不安定さを考慮すると，社会のリスクへの柔軟性を確保するためにも，里のモザ

イク景観と知があまりにも急速に失われていくのは問題なのではなかろうか。

　私は14年ほど前の著書のなかで，先住民の有する「身の丈の技術」について論じたことがある（市川 1999）。企業が資本力にものをいわせ熱帯雨林の生態を大きく破壊しつつ造成するアブラヤシ・プランテーション開発に対して，先住民は自然や社会変化に適応的に彼らの身の丈に合った技術で森林とつきあってきたという趣旨である。それは，ある意味「身の丈」が変われば，自然とのつきあい方も変化することを示唆していた。実際に，この14年ほどの歳月の間に先住民の身の丈はずいぶん大きくなった。重機や農薬を駆使する資本や能力を多くが身につけつつある。経済的な儲けを重視する土地利用の考え方も強くなってきている。

　そのような大きな「身の丈」にあった里利用が，本章で取り上げた広大なアブラヤシ農園化であり，高まる経済・社会的な欲求を満たすための都市への移住であろう。先住民の里の知やそれに基づく里とのつきあい方は，彼らのなかに確固として内在するものではなく，彼らをとりまく社会と彼ら自身の「身の丈」の変化によって，容易に変容するものなのかもしれない。今日の都市への移住者たちを第一世代とすれば，つぎの世代は都市生まれ都市育ちとなる。彼らは里の知をもたないばかりか，さらに強い都市型思考を有するようになり，里とのつきあいはさらに希薄になるだろう。

　こうした先住民社会や里の変化を，生物多様性や社会のリスクへの柔軟性が低下するからといって非難できる立場にはない。私たち日本人も，高度経済成長期から今日まで農山村や都市で基本的に同じような変化をたどってきている。今日の日本の農山村が過疎・高齢化で苦しみ，その状況の打破がきわめて難しいように，サラワクの今後のゆくすえも一筋縄では変え難いように思う。ただ，日本およびサラワクの里の変容やそこでの知の消失は，今日のグローバル化を背景とする共通の構造の下での問題であろうから，共同して考えていくことができるだろう。

　里の知の消失に対応するひとつの道は，日本も含めていえることであるが，人々の価値観の転換を促すことだと考えている。都市での経済重視の生活スタイルではなく，農山村での自然と人々との深く多様なつながりをもとにした「豊かな」生活スタイルを評価する価値観への転換である。日本において農山村の

暮らしを評価する人々は、きわめて少数派であるが都市を中心に徐々にみられるようになってきた。しかし、日本では農山村で現金収入を得ることが難しく、実際の暮らしの実現のためのハードルは高い。サラワクに利があるのは、里にはアブラヤシという現金収入獲得の手段があり、現実的に村での生活が成り立ちやすいことである。アブラヤシ園とモザイク景観をうまく融合させた里利用を行い、里の知を維持していく。これが将来へ里の知をつないでいく方向なのではなかろうか。

謝辞
本章の執筆にかかわる調査は、総合地球環境学研究所の研究プロジェクト D-1 と D-4、および科学研究費補助金課題番号 20401012 によっている。執筆においては、市岡孝朗氏（京都大学）、酒井章子氏（総合地球環境学研究所）および市栄智明氏（高知大学）からの助言をいただいた。記して感謝の意を表します。

注
＊1　本章でいう先住民とは、序章でも説明しているとおり、長い年月にわたり、熱帯雨林やその周りで暮らしてきた人々を指す。彼らの起源は、1万年から数千年前に東南アジア大陸部から移住してきた人々だと考えられている（King 1993）。

＊2　もちろん本章でも述べているように、原生的な熱帯雨林の生物多様性は非常に高いため、その保全の重要性はいうまでもない（Gibson et al. 2011）。

＊3　古川（1992）は、先住民がひとつの資源を集中的に一か所に定着して使うのではなく、資源を分散的に移動しながら使う「移動型文化」を育んできたと主張している。

＊4　建築用の木材を確保するためなどの理由で、伐採せずに残されている一区画の林地である。里のなかで村人が残しているもので、たとえば第5章で述べられている政府によって指定・管理されている保存林（forest reserve など）とは異なる。

＊5　原生林と里の林齢の異なる二次林、保存林、ゴム園において異なる生物分類群の多様性を比較している調査結果である。小型哺乳類など明瞭な傾向がみられない分類群もあり、それは生物の移動能力などいくつかの要因が考えられる。基本的には原生的な熱帯雨林では、ほぼすべての分類群において生物多様性が最大であると考えられる（高野らからの私信）。

＊6　共生の一型で、両種ともに利益を受ける関係。

＊7　ただし、原生林でも倒木などにより不定期・小規模に開けた環境が現れるので、

そのような開けた植生に適応した生物も存在する。
* 8 　一種類だけでなくさまざまな果樹や有用植物が混交した林のような景観を呈すことが多いので，果樹園ではなく果樹林と記す。
* 9 　第二次世界大戦中の日本人によるサラワク占領期を指す。この村にも日本軍の一団が駐留した。
* 10 　20世紀前半までは，ブルックが新たにサラワク領として獲得した領地への移住を促すこともあったが，全般的に移住は制限されていった。
* 11 　サラワクの地元NGOボルネオ資源研究所（BRIMAS）での聞き取り。
* 12 　トヨタのハイラックスが「ハイラッ」となり，ピックアップトラックすべての車種を指す呼称として使われている。
* 13 　第1章では，日常的に森林にいく機会が減ることによって，植物の知識が乏しくなる西プナンの人々の例を紹介している。
* 14 　ミリ県の人口増加率とマルディ県の減少率はサラワクのなかでもトップクラスで高い。
* 15 　プルマイジャヤと呼ばれる新興住宅地の一角における2012年の価格である。
* 16 　本節の記述は，Ichikawa（2011）に基づいており，現地調査を行った2010年の様子である。
* 17 　チェンソーによる伐採，ローリーによる運搬，ブルドーザなどの運転，自動車や機械の整備，伐採キャンプの管理などさまざまな仕事がある。

参考文献

市川昌広　1999「サラワク・イバンの森林利用――強い森とそこに生きる人々の稲作」山田勇編『森と人のアジア』昭和堂，46-73頁。

市川昌広　2008「うつろいゆくサラワクの森の100年――多様な資源利用の単純化」秋道智彌・市川昌広編『東南アジアの森に何が起こっているか――熱帯雨林とモンスーン林からの報告』人文書院，45-64頁。

市川昌広　2010「マレーシア・サラワク州の森林開発と管理制度による先住民への影響――永久林と先住慣習地に着目して」市川昌広・生方史数・内藤大輔編『熱帯アジアの人々と森林管理制度――現場からのガバナンス論』人文書院，25-43頁。

祖田亮次　1999「サラワク・イバン人社会における私的土地所有観念の形成」『人文地理』51（4）：329-351頁。

古川久雄　1992『インドネシアの低湿地』勁草書房。

守山弘　1988『自然を守るとはどういうことか』農山漁村文化協会。

鷲谷いづみ　2001「保全生態学から見た里地自然」武内和彦他編『里山の環境学』東京

大学出版会，9-18頁。

Berkes, F. & Folke, C. 2000. *Linking Social and Ecological Systems*, Cambridge: Cambridge Univ. Press.

Dent, D. H. & Wright, S. J. 2009. The future of tropical species in secondary forests: A quantitative review. *Biological Conservation* 142 (12) : 2833-2843.

Department of Statistics Malaysia 2011. Yearbook of statistics Sarawak 2011.

Gibson, L., Lee, T. M., Koh, L. P., Brook, B. W., Gardner, T. A., Barlow, J., Peres, C. A., Bradshaw, C. J. A., Laurance, W. F., Lovejoy, T. E. & Sodhi, N. S. 2011. Primary forests are irreplaceable for sustaining tropical biodiversity. *Nature* 478: 378-381.

Ichikawa, M. 2004. Relationships among secondary forests and resource use and agriculture, as practiced by the Iban of Sarawak, East Malaysia. *TROPICS* 12(4): 269-286.

Ichikawa, M. 2008. Rules of inheritance and transfer of land by the Iban of Sarawak: Land as an intergenerational resource. *Borneo Research Bulletin* 38: 148-158.

Ichikawa, M. 2011. Factors behind differences in depopulation between rural villages in Sarawak, Malaysia. *Borneo Research Bulletin* 42: 275-288.

Kaga, M., Momose, K., Ichikawa, M. & Koizumi, M. 2008. Importance of a mosaic of vegetations to the Iban of Sarawak, Malaysia. In Ichikawa, M., Yamashita, S. & Nakashizuka, T. (eds.), *Sustainability and biodiversity assessment on forest utilization options*, RIHN, pp.396-404.

Kedit, P. M. 1980. *Modernization among the Iban of Sarawak*, Kuching: Dewan Bahasa Dan Pustaka.

King, V. T. 1993. *The People of Borneo*, Oxford: Blackwell Publishers.

Koh, L. P. & Wilcove, D. S. 2008. Is oil palm agriculture really destroying tropical biodiversity? *Conservation Letters* 1 (2) : 60-64.

Momose, K., Kaga, M., Koizumi, M., Kishimoto-Yamada, K., Tanaka, H. O., Matsumoto, T., Itioka, T., Nakagawa, M., Ichikawa, M., Yoshimura, M., Nakashizuka, T. & Chong, L. 2008. Effect of forest use on microhabitat environment and vegetation structure in Sarawak, Malaysia. In Ichikawa, M., Yamashita, S. & Nakashizuka, T. (eds.), *Sustainability and biodiversity assessment on forest utilization options*, RIHN, pp.67-72.

Pringle, R. 1970. *Rajahs and Rebels: The Iban of Sarawak Under Brook Rule, 1841-1941*, Ithaca: Cornell University Press.

Sar Vision. 2011. *Impact of oil palm plantations on peatland conversion in Sarawak*

2005-2010, Wageningen: Sar Vision.

Sutlive, V. H. 1972. *From longhouse to pasar: Urbanization in Sarawak, East Malaysia*, ph. D. desertification. University Microfilms.

Takano, K. T., Nakagawa, M., Kishimoto-Yamada, K., Yamashita, S., Tanaka, H. O., Tokumoto, Y., Matsumoto, T., Fukuda, D., Nagamasu, H., Ichikawa, M., Momose, K., Sakai, S., Itioka, T. & Nakashizuka, T. 2012. Changes in land use, biodiversity, ecosystem services and local livelihoods in tropical forests of Malaysian Borneo. Planet under Pressure における発表ポスター, Mar 25, 2012-Mar 30, 2012, London, UK.

Tanaka, H. O., Yamane, S., Nakashizuka, T., Momose, K. & Itioka, T. 2007. Effects of deforestation on mutualistic interactions of ants with plants and hemipterans in tropical rainforest of Borneo. *Asian Myrmecology* 1: 31-50.

第4章 動物をめぐる知
変わりゆく熱帯林の下で

加藤裕美・鮫島弘光

写真　狩猟をしたヒゲイノシシを村へ運ぶシハン。
ヒゲイノシシなど野生動物の肉は人々にとって重要な食物となる。加藤裕美撮影

4-1 はじめに

　ボルネオの熱帯雨林は，海岸部にマングローブ林が広がり，高地にシイやカシの多い熱帯山地林が分布する景観の変化に富んだ環境である。熱帯雨林のなかにはさまざまな動物が生息し，それは内陸に住む人々の生活の糧となってきた。また，森のなかの動物は，人々の信仰や精神世界とも深いかかわりをもっている。このため人々の生活にとって，動物は身近で重要な存在であり，人々は動物に対してさまざまな知を形成してきた。

　しかしながら，ボルネオでは第二次世界大戦後急速に開発が進み，現在では低地にはほとんど天然林[*1]が残っていない。そして，多くの動物が生息していた天然林は，アブラヤシやアカシアのプランテーションに改変されている。このような生態環境の変化は，野生動物の生息状況に大きな影響を与えていると予測される。またそれは，森のなかの動物と長年共存してきた人々の暮らしや実践，知識にも変化をもたらすと考えられる。そこで，本章ではボルネオにおいて近年拡大するプランテーションによって，動物の生息状況や人々の狩猟活動，人々の動物に対する知にどのような変化がみられるのかを扱っていく。

　人々が周囲の自然や動植物に対して形成する知識は，これまで伝統的な生態学的知識（traditional ecological knowledge: TEK），在来の知識（local knowledge），土着の知識（indigenous knowledge）などと呼ばれてきた。在来の知識や土着の知識は，生態学的な知識に限定しているわけではないため，伝統的な生態学的知識は，在来の知識や土着の知識の一部といえる。伝統的な生態学的知識とは，人間を含む生物の相互の関係性，また生物と自然環境との関係性についての知識や実践，信仰の蓄積された集合体のことを指す（Berkes 1999）。それは，自然環境だけではなく，社会や超自然をも含む環境全体に対し，先住民が鍛え上げてきた知識と信念と実践の統合体である（大村 2002）。そこでは，人間社会を「自然」と対置するのではなく，人間社会もエコシステムのなかの一部であると考えられている（Berry 1988）。

　また，伝統的な生態学的知識は，適応を繰り返すことにより発展し，文化の伝達によって何世代にもわたって受け継がれ，蓄積されていく一方で（Hunn

1993），修正や変革を取り入れ，変化する柔軟さをもつ metis（混淆性）の要素をもつことも指摘されている（Nakashima 1998, Scott 1998）。最近では，こうした知識が活用されている社会では，それが災害に対するバッファとして機能していたり，危機に面した際に顕著なレジリエンスをみせたり，あるいは，新たな技術とのコンビネーションを可能にするという創造性をもつことも指摘されてきている（Ellen 2007）。

　先述のように，ボルネオの動物は，人々の生活の糧として欠かせないものであるだけではなく，多くの伝説のなかで語られ，禁忌とも関係が深いことから文化的にも重要な存在である。しかしながら，ここ数十年で急激な環境の変化が起こった結果，動植物の生息域であり，内陸に住む多くの人々の居住域であった天然林は縮小し，人工的に植えられたプランテーションが拡大している。そこで本章では，シハンという長年狩猟採集生活を営んできた人々を取り上げ，彼らが動物に対して形成してきた知識や認識，信仰について論じていく。とくに，環境変化による野生動物に対する知識の修正，変換，あるいは，従来の知識と新しい知識の融合について議論していく。

　上記の点について述べるために，本章ではまずボルネオにどのような野生動物がいるのか，その生態を紹介し，次にプランテーションという新しい環境において，野生動物の生態がどのように変化しているのかをまとめる。続いて，人々が動物をどう分類し，認識しているのかや，動物を狩猟するためにどのような知識をもち，実践しているのかについて述べる。最後に，プランテーション化によって周辺環境や野生動物の生息状況が変化するなかで，人々は従来の知識をどのように更新し，新しい知識と融合させているのか，知識の可変性について検討する。

4-2　ボルネオの動物相

4-2-1　ボルネオ熱帯雨林の動物

　ボルネオの低地・丘陵部の大部分は，20世紀前半まで原生林に覆われていた。この原生林はフタバガキ混交林と呼ばれるタイプの森林で，林冠[*2]の高さが50〜70mに達し，胸高直径[*3]が1mを超える大木も林立していた。そこに生育す

る樹木は，世界でも有数に多様性が高く，サラワク州のランビル・ヒルズ国立公園に設定された52haのプロットでは，胸高直径1cm以上の樹木が1000種以上記録されている（Lee et al. 2002）。またこの森では，昆虫や鳥類などとならんで，哺乳類の多様性も高い。日本の本州の森では，ウサギぐらいの大きさか，それより大きい中大型哺乳類は10種程度[*4]にすぎないが，ボルネオでは40種近くが同所的に生息している（表4-1，写真4-1）。

哺乳類は大きく地上性と樹上性に分けられる。ボルネオに生息する地上性の哺乳類としてはまず，スイロク，ホエジカ（キョン）2種，マメジカ2種の有蹄類があげられる。マメジカやホエジカはボルネオのなかでも生息数が多く，人々が狩猟し，食用とすることの多い動物である。スイロクはニホンジカぐらいの大きさのシカで，おもに林床の草本を食べるが，小型のホエジカやマメジカは種子から発芽した若い実生[*5]や，落ちてきた果実[*6]も食べる。スイロクやマメジカは川沿いなど，傾斜の緩やかな場所に多く生息するが，ホエジカは急峻な傾斜地に多い。ヒゲイノシシも生息密度が高い動物で，日本のイノシシぐらいの大きさである。ボルネオ中に広く生息し，木の根やミミズ，フタバガキやカシの実などを食べる雑食性である。ヒゲイノシシの肉は内陸に住む人々によってもっとも好まれるため，動物のなかで一番よく狩猟される。

地上性の動物のなかで，中型のネコ目の動物は，ヤマネコ，シベット，マングースなど種類が多く，昆虫や小型哺乳類を食べている。ヤマネコの仲間のうち，ウンピョウは大型で体長1mに達し，ときにはスイロクをも捕食する。一方，マーブルキャット，ボルネオヤマネコなど他の種類はイエネコ程度の大きさで，ネズミやカエルなどを捕食している。ヤマネコの仲間は非常に生息密度が低く，人々が目にすることも稀である。大型のネコ目の動物としてはマレーグマがいる。大きさは日本のツキノワグマよりやや小ぶりで，シロアリや，ハリナシバチ，ミツバチの蜜を食べる。サルの仲間ではブタオザルが唯一地上性で，20〜40頭近い群れで活動している。ブタオザルはサルの仲間でももっとも生息数が多く，人々に狩猟されることも多い。また地下に掘った巣や木のうろに寝る動物として，ヤマアラシやセンザンコウがいる。ヤマアラシは全身が鋭い針でおおわれており，果実や木の根を食べている。敵対する動物に出くわすと，この鋭い針を飛ばして攻撃をする。センザンコウは全身が鱗でおおわれ

表4-1 ボルネオに生息する中大型哺乳類

目	和名	学名	地上性	樹上性	ボルネオ島内の分布
モグラ目	ジムヌラ	Echinosorex gymnurus	○		
センザンコウ目	マレーセンザンコウ	Manis javanica	○		
ヒヨケザル目	ヒヨケザル	Cynocephhalus variegatus		○	
サル目	ソローロリス	Nycticebus coucang		○	
	ニシメガネザル	Tarsius bancanus		○	
	クリイロリーフモンキー	Presbytis rubicunda		○	
	ホーズラングール	Presbytis hosei		○	
	シロビタイリーフモンキー	Presbytis frontata		○	
	シルバーリーフモンキー	Presbytis cristata		○	
	クロカンムリリーフモンキー	Presbytis melalophos		○	
	テングザル	Nasalis larvatus		○	一部の川・海岸沿いにのみに分布
	カニクイザル	Macaca fascicularis		○	
	ブタオザル	Macaca nemestrina	○	○	
	ミューラーテナガザル	Hylobates muelleri		○	
	オランウータン	Pongo pygmaeus	○	○	一部のみに分布
ネズミ目	マレーヤマアラシ	Hystrix brachyura	○		
	ネズミヤマアラシ	Trichis fasciculate	○		
	ボルネオヤマアラシ	Thecurus crassispinis	○		
ネコ目	マレーグマ	Helarctos malayanus	○		
	キエリテン	Martes flavigula	○		
	ハダシイタチ	Mustela nudipes	○		
	ボルネオイタチアナグマ	Melogale everetti	○		サバの山地にのみ分布
	スカンクアナグマ	Mydaus javanensis	○		主にサバにのみ分布
	スマトラカワウソ	Lutra sumatrana	○		川沿いに生息
	ビロードカワウソ	Lutrogale perspicillata	○		川沿いに生息
	コツメカワウソ	Aonyx cinerea	○		川沿いに生息
	マレーシベット	Viverra tangalunga	○		
	キノガーレ	Cynogale bennettii	○		
	ビントロング	Arctictis binturong	○	○	
	ミスジパームシベット	Arctogalidia trivirgata		○	
	ハクビシン	Paguma larvata	○		
	パームシベット	Paradoxurus hermaphroditus	○	○	
	クロヘミガリス	Diplogale hosei	○		
	タイガーシベット	Hemigalus derbyanus	○		
	オビリンサン	Prionodon linsang	○	○	
	クビワマングース	Herpestes semitorquatus	○		
	チビオマングース	Herpestes brachyurus	○		
	ウンピョウ	Neofelis diardi	○		
	マーブルキャット	Paradofelis marmorata	○		
	マレーヤマネコ	Prionailurus planiceps	○		
	ベンガルヤマネコ	Prionailurus bengalensis	○		
	ボルネオヤマネコ	Pardofelis badia	○		
ゾウ目	アジアゾウ	Elephas maximus	○		サバ東部のみ分布
ウマ目	スマトラサイ	Dicerorhinus sumatrensis	○		サバ東部のみ分布 サラワクでは絶滅
ウシ目	ヒゲイノシシ	Sus barbatus	○		
	ジャワマメジカ	Tragulus kanchil	○		
	オオマメジカ	Tragulus napu	○		
	インドキョン	Muntiacus muntjac	○		
	ボルネオキョン	Muntiacus atherodes	○		
	スイロク	Cervus unicolor	○		
	バンテン	Bos javanicus	○		一部のみに分布 サラワクでは絶滅

第4章 動物をめぐる知

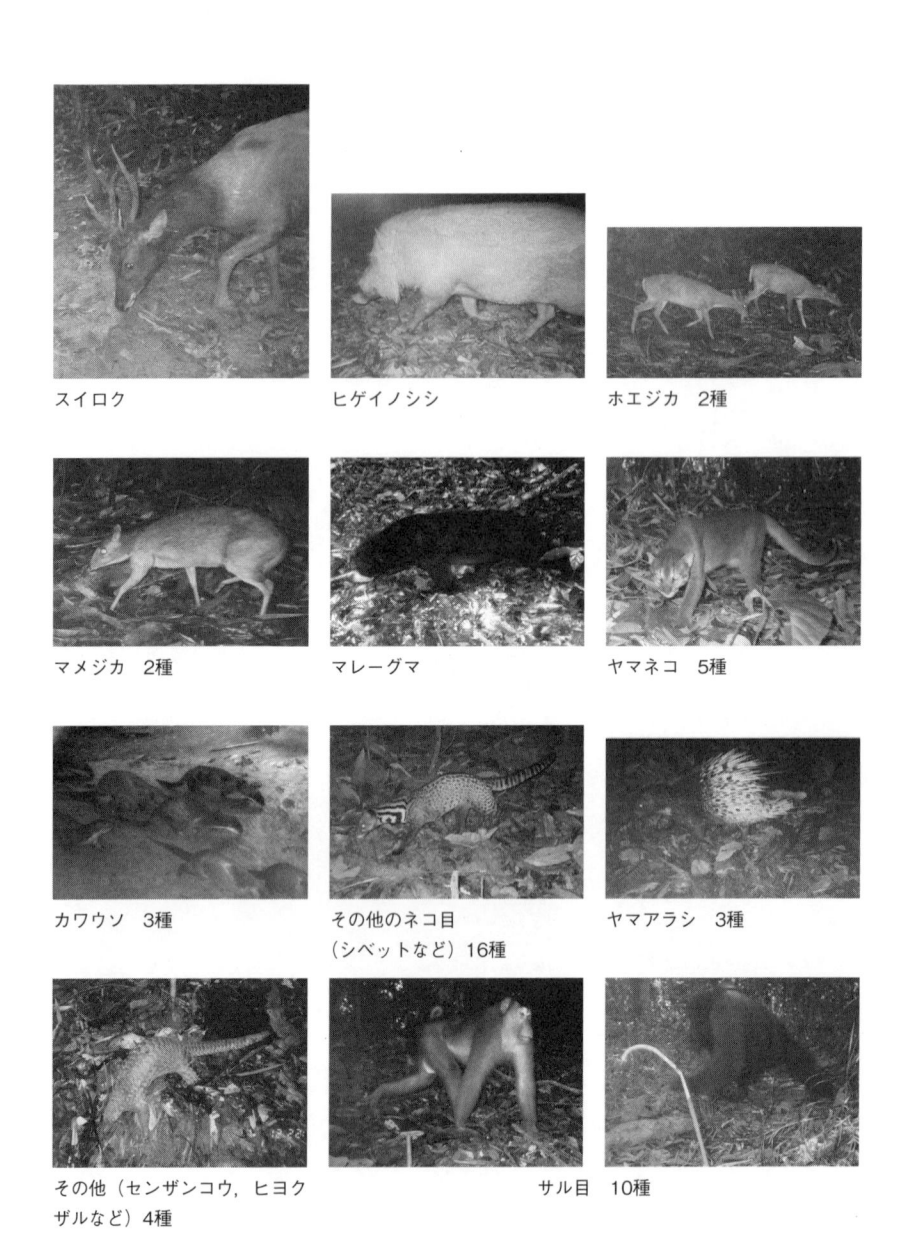

スイロク	ヒゲイノシシ	ホエジカ　2種
マメジカ　2種	マレーグマ	ヤマネコ　5種
カワウソ　3種	その他のネコ目 （シベットなど）16種	ヤマアラシ　3種
その他（センザンコウ，ヒヨク ザルなど）4種	サル目　10種	

写真4-1　ボルネオに生息する主な中大型哺乳類。2007〜10年にサバ州デラマコット森林管理区において自動撮影カメラを用いて撮影

デラマコット ＆ タンクラップ
（サバ）

撮影種数	全種の撮影頻度の合計 （100日あたり枚数）
37 種	28.7

アナップ・ムブット
（サラワク）

撮影種数	全種の撮影頻度の合計
27 種	18.3

SBK
（中央カリマンタン）

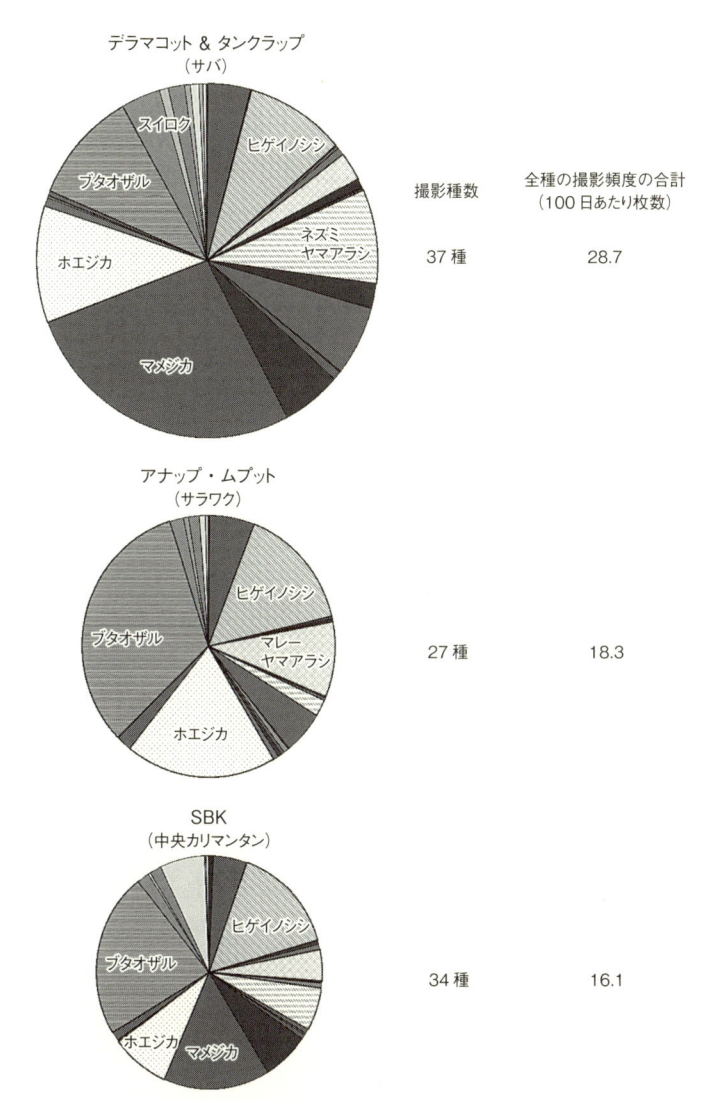

撮影種数	全種の撮影頻度の合計
34 種	16.1

図4-1　ボルネオの3か所の天然林（択伐施業コンセッション）における中大型動物の撮影頻度
注：サバ州のデラマコット・タンクラップ森林管理区，サラワク州のアナップ・ムブット森林管理区，中央カリマンタン州のSBK社コンセッションで設置した自動撮影カメラによる撮影種数とその構成。デラマコット・タンクラップ森林管理区では29プロットでのべ9,775カメラ日，アナップ・ムブット森林管理区では8プロットでのべ14,170カメラ日，SBK社コンセッションでは10プロットでのべ17,974カメラ日，自動撮影カメラを作動させた。なおそれぞれの場所での調査期間中は大規模な一斉結実は起きなかった。円の大きさは，撮影頻度の多さを表す。調査を行ったのはデラマコット・タンクラップでは2007～10年，アナップ・ムブットは2011～12年，SBKは2010～12年。

第 4 章　動物をめぐる知　　133

た動物で，林床のシロアリの巣を鋭い爪でほじくり返して食べている。これらの地上性の動物のほとんどは夜行性だが，ホエジカ，ヒゲイノシシ，マレーグマなどは昼に活動していることも多く，森のなかで人々が遭遇することも多い。さらにブタオザルとマングースは完全な昼行性である。またブタオザルを除けば単独性の種類が多いが，ホエジカ，マメジカ，ヤマアラシはつがいでいることも多い。ヒゲイノシシは通常は単独性だが，後述するように数年に一度の果実が多い季節には，数十頭に達する群れを作る。

　樹上では，夜間に単独性のパームシベットやミスジパームシベットが活動し，果実を食べている。日中には数種類のリーフモンキー，テナガザル，カニクイザルが群れで活動し，林冠の新葉や果実を食べている。テナガザルが生息している森に入ると，彼らが遠くまで響く声で鳴いているのが聞こえる。リーフモンキーとテナガザルは一緒に行動していることも多いが，これらが狩猟されることは稀である。

　これらの動物のなかでとくに生息密度が高いのは，マメジカ，ホエジカ，ヒゲイノシシ，そしてブタオザルである。筆者（鮫島）はボルネオ島の3か所の天然林で自動撮影カメラを用いて地上性哺乳類の調査を行ったが，この4種がとくに多く撮影された（図4-1）。また，これらの動物は後述するように，人々にとっても主な狩猟対象となっている。

4-2-2　一斉結実とヒゲイノシシ

　ボルネオの熱帯林に生息する動物の多くは，1年を通して個体数が大幅に増減することはなく，明確な繁殖期もない。イチジクの仲間などを除けば樹木の開花・結実活動が非常に低調で，周期的なサイクルがないことがその理由であると考えられている。しかし数年に一度，1か月以上まったく雨が降らない時期が続くと，その1～2か月後には，フタバガキ科をはじめ，野生のマンゴー，ドリアンなど多くの木々が次々と開花し，さらに2～5か月後には大量の果実がなる。この現象は一斉開花・結実現象として知られ，サラワク州のランビル・ヒルズ国立公園などで詳細な調査が進められてきた（Sakai 2002）。このような開花・結実パターンが進化した理由としては，多くの樹種間で共有する送粉者を森全体で誘引する（Sakai et al. 1999）という説や，結実期を同調させること

によって，種子が動物に食べつくされるのを防ぐ（Ashton et al. 1988）という説などが考えられている。一斉結実は2〜3か月間続き，その間にはヒゲイノシシ，オランウータン，サイチョウ，インコ，アオバト，ネズミ，リスなどの果実食動物の個体数が増加する（Leighton & Leighton 1983, Curran & Leighton 2000）。一斉結実期には森の果物が増えるだけではなく，森に集まる動物の数も増えるため，狩猟を行う人々にとっても豊かな季節となる。

　オランウータンやサイチョウは，成体は定住性で，森のなかの一定の範囲のなかで暮らしているが，若い個体は遊動性が高く，一斉結実に応じて集まってくる（Leighton & Leighton 1983）。ヒゲイノシシも他の場所から多くの個体が移動してくることによってその数が増加するが，繁殖による増加も大きい。一斉開花中に交尾を行い，約7か月後の一斉結実の末期に出産するといわれている（Curran & Leighton 2000）。ヒゲイノシシの生息密度は，一斉結実直後には通常の10倍以上に増加し，森のなかでもたくさんの子どもを連れた群れをたびたび目にする。しかし数か月後には急速に減少し，生まれた子どもの多くは餓死するか別の場所へ移動して行くと考えられている（Curran & Leighton 2000）。一斉結実は通常数年おきに起こる現象だが，まれに数か月や1年といった短い間隔で連続して起こることがある。このときはヒゲイノシシが非常に増え，山を越え川を渡って数百キロを遊動するといわれている（Caldecott & Caldecott 1985, Pfeffer & Caldecott 1986）。ボルネオの天然林に生息する動物は，人々の生活の糧として重要であり，一斉結実に伴うヒゲイノシシの増加は人々によっても認識されている。そして，この季節には多くの人々が狩猟に専念する。

4-3　プランテーションのなかに生息する動物

　上述のように，ボルネオの熱帯雨林にはさまざまな動物が生息しているが，商業伐採やプランテーションの拡大に伴う天然林の減少，そして伐採道路の発達による奥地への狩猟アクセスの増加によって，多くの種が数を減らしていると考えられる。たとえば，スマトラサイやバンテンなどはほぼ絶滅しており，オランウータンもかつてより分布域が大幅に縮小している。これらの大型種はもともと生息密度が低く，一頭の個体が生息するために広大な森を必要とする。

また繁殖サイクルは数年に1頭産むのみであり，いったん数が減ると回復が難しい。このため開発による森の分断化によって，ほぼ絶滅してしまったと考えられている（Meijaard et al. 2005）。他の多くの動物についても，商業伐採による森林の劣化によって個体数が減少しているという報告が少なくない（Meijaard et al. 2005）。

しかしながら，このような新しい環境に適応することのできる種も存在する。もともと地域住民の集落周辺では焼畑による森林の二次林化が進んできており，そのような二次林でもヒゲイノシシやマメジカが生息していることが知られていた。スイロクなどはむしろ人の手が入って多少開けた環境を好むといわれている。ヒゲイノシシ，ブタオザル，カニクイザル，ヤマアラシなどは畑にまで出てきて，農作物を荒らす害獣とさえなっている。また商業伐採の行われている森林でも，伐採による攪乱が軽微であれば，ほとんどの動物は生息できることが報告されている（Meijaard & Sheil 2008, Samejima et al. 2012）。

4-3-1 アブラヤシ・プランテーションと野生動物

それでは，近年急速に拡大しつつあるアブラヤシ・プランテーションは，動物の生息にどのような影響を与えているのであろうか。アブラヤシ・プランテーションにはアブラヤシとシダなどの下草などしか生えておらず，動物にとって餌資源が少ないことから，生息できる哺乳類は少ないと考えられていた。しかしながら最近では，ヒゲイノシシやヤマアラシなどはアブラヤシ・プランテーションにも高い密度で生息することがわかってきた（McShea et al. 2009）。上述のようにボルネオの天然林では，一斉結実期以外は果実資源がほとんどなく，ヒゲイノシシの生息密度は比較的低い。ところが近くにアブラヤシ・プランテーションがあると，そこでアブラヤシの果実を食べることができるためか，ヒゲイノシシの生息密度は高くなると考えられる。マレー半島では，周辺をアブラヤシ・プランテーションで囲まれた天然林において，ヒゲイノシシの生息密度が非常に高く，種子から発芽したばかりの若い実生に深刻な食害を与えているという報告もある（Ickes 2001）。

さらに，ボルネオのサバ州では，プランテーション内にパームシベットやブタオザルなども生息していることが目撃されている。これらの動物は，アブラ

ヤシの実を餌にしているという。[*7]

また，動物に小型の電波発信機をつけて行動圏を明らかにした研究から，天然林に生息するマレーグマやウンピョウ，ベンガルヤマネコなども，アブラヤシ・プランテーションを生息域の一部として使っていることがわかってきた（Nomura et al. 2004, Rajaratnam et al. 2007）。ウンピョウやベンガルヤマネコは，アブラヤシ・プランテーションで増えたネズミを求めてやってくるらしい。これらの動物は，アブラヤシばかりになってしまった地域では稀だが，天然林とアブラヤシ・プランテーションがモザイク状になっている地域では，両方の環境を利用して生息することが可能なようだ。このような地域は，後述するように人々にとって新たな狩猟場所となっている。

4-3-2 アカシア・プランテーションと野生動物

ボルネオにおいては，1990年代ごろからアカシアやユーカリなどの成長が速い樹種（早生樹）のプランテーションも急速に拡大している。アカシアやユーカリなどのプランテーションもアブラヤシ・プランテーションと同様，多くの哺乳類にとって餌が乏しく，生息できない環境である。しかし，これらのプランテーションも天然林とプランテーションがモザイク状に分布している場合は，動物の種類によっては生息が可能になっている。

たとえば，スマトラの泥炭湿地林など，平坦な場所に早生樹のプランテーションが造成される場合，数十km^2にわたって同じ樹種が植栽される。このような場所では，ヒゲイノシシ，ブタオザル，マレーシベットなどしか生息できない（鮫島他 2012）。一方，丘陵地などで造成される早生樹のプランテーションでは，谷筋などに多くの天然林がパッチ状に残されることが多い。このようなプランテーションでは上記の動物に加え，オランウータンやマレーグマなどの絶滅危惧種も生息できることが明らかになっている（Giman et al. 2007, McShea et al. 2009, Meijaard et al. 2010）。早生樹は一般に外来の樹種であるが，一部の動物はその新芽や樹皮を新しい餌資源として利用している。ボルネオやスマトラのアカシア・プランテーションでは，カニクイザルやオランウータンが樹皮を食害し，経営上問題となるほどの被害を与えていることもあるという（Kurniawan 2009, Meijaard et al. 2010）。

ボルネオの熱帯雨林にはさまざまな動物が生息する。ほとんどの動物は天然林において生息するものの，ヒゲイノシシやヤマアラシなどはプランテーションにも生息するようになってきた。それでは，人々はこれらの動物に対してどのような知識を発達させてきたのであろうか。以下では人々の動物に対する知識や認識，信仰，そして狩猟という実践の場に焦点を当てて述べていく。

4-4　人々の動物に対する知識と狩猟

4-4-1　動物に対する人々の分類

　ボルネオの熱帯雨林では，近年天然林からプランテーションへの改変が急速に進んでおり，上記のように生息する動物相にも変化がみられる。そして，このような森林環境の変化は，現地に暮らす人々と動物の関係にも影響を与えていると考えられる。森のなかの動物を狩猟することは，ボルネオの内陸部に暮らす人々にとって，もっとも基本的な生業活動のひとつであった（Puri 2005, Roth 1896）。とくに森林内を遊動し，多様な動植物を利用してきた狩猟採集民にとって，狩猟はサゴヤシのでんぷん採集と同じく重要な生業活動である（Chan 2007）。そのため，森林環境の劣化による動物相の変化は，人々の生活に大きなインパクトを与えると予想される。以下では，ボルネオ島北西部のラジャン川上流に暮らすシハンを対象に，人々が動物をどう認識し，動物に対してどのような知識を形成してきたのか，またその知識を応用した実践や信仰について，2008年から2009年のフィールドワークで得られた事例をもとに論じる。

　シハンは，1960年代まで森のなかを遊動しつつ狩猟採集を行い生活をしていた。森のなかでは，サゴヤシから採れるでんぷんなどを主食とし，さまざまな動物や魚，野生植物や果実などを食料として暮らしてきた。そして，森林資源を求めて数週間から数か月ごとに住む場所を移動する生活を送っていた。その生活様式は，ボルネオの狩猟採集民である西プナンと類似する点が多い。そして，ボルネオの多くの狩猟採集民と同じく1960年前後には定住し，現在では周りの農耕民と同じようにロングハウスに暮らし，焼畑稲作などを行っている（加藤 2008）。

　彼らは長年，森のなかの動物や植物を狩猟採集することにより生計を立てて

きた。そのような生活の特徴は，定住後50年ほど経過した現在においても色濃くみられる。現在の生業活動として重要なのは，近くの町での賃金労働とともに，森のなかでヒゲイノシシやシカなどの動物を狩猟することである。人々は日々の多くの時間を森のなかでの狩猟に費やし，人々が集まって世間話をする際には，昨日行われた猟の話や，新しく見つけられた動物の足跡の話題などでもちきりになる。また就寝前の時間には，スケットという，動物が主人公として登場する数多くの物語を語って楽しむ。動物の存在は，日々の暮らしのなかで，人々にとって非常に身近である。

そのようなシハンの言語において，「動物」を表す単語は存在せず，「或るもの」という意味のラウットという言葉で動物全体を総称する。そして，動物を以下のように大まかに分類している。鳥類は，「空を飛ぶもの」という意味のラウット・ヌリップもしくはラカランと呼び，樹上動物のなかで四肢を使って林冠を移動するテナガザルやリーフモンキー，カニクイザルなどの動物は，ラウット・プジャイと呼ぶ。水生の動物であるミズオオトカゲなどは「水にいるもの」という意味のラウット・ト・ダヌムと呼ばれる。とくにヒゲイノシシ，そしてスイロク，ホエジカなどの動物はときとして「本当のもの」という意味のラウット・トットと呼ばれる。それ以外の多くの動物も総称してラウットと呼び，動物全体を大まかに分類している（図4-2）。

一方，動物の雌雄に対する命名は，独特な方法で行われている。多くの動物は雄マネイと雌テノに区分されるのであるが，なかには特別な雄名称が与えられている動物も存在する（表4-2）。たとえばスイロクやホエジカは，それぞれパヨウやトゥラウという一般名称があるのだが，スイロクの雄はアンガン，ホエジカの雄はサハウ，ブタオザルの雄はガハウという特別な呼称で呼ばれる[*8]。それに対して，いくつかの種をまたいで，特別な雄名称で呼ばれる動物も存在する。まずニワトリやセイランなどの鳥類の雄はボウン，ミズオオトカゲの雄はエヴン，そしてカエルの雄はパマと呼ばれる。また，不思議なことではあるが，マレーグマとカメの数種類には同じ雄名称であるペランを用いる。なぜマレーグマとカメが同じ雄名称で呼ばれるのかは不明である。このように，多くの動物が一般的な雄名称マネイと雌名称テノで呼ばれるのに対し，ある種の動物は，特別な雄名称で呼ばれ，他の動物とは区別されている。

このなかでも，ヒゲイノシシに対しては雌雄の名称が特別なだけではなく，成長段階における区分もあり，他の動物以上に詳細に分類されている。ヒゲイノシシの成体の雄はトゥマニット（写真4-2），成体の雌はニャルと呼ばれ，若い雄はウラック，若い雌はラティ，さらに生後数か月の幼体はジャインと呼ばれる。ヒゲイノシシに対し，その一般名称であるバブイという呼称が用いられることは少なく，上記のようなより詳細な呼称が用いられている。ヒゲイノシシはシハンの人々にとって一番のご馳走であるが，分類の詳細さからみても，他の動物以上に重要で，身近な存在であることがうかがえよう（表4-2）。

　動物の雌雄に対する名称からは，ヒゲイノシシや，スイロク，ホエジカなどの比較的大型の哺乳類に対して，人々が特別な注意を払っていることが推察できる（写真4-3）。そして，ヒゲイノシシに対しては，一斉結実期を含めたその生態についても人々は詳細に認識している。一斉結実の季節は，先述のように3～4年に一度ボルネオに訪れる。一斉結実の時期に，まず実をつける果実は，ランブタン（*Nephelium lappaceum*），プラサン（*Nephelium mutabile*），イヴォウ（*Nephelium* sp.）である。そしてドリアン（*Durio zibethinus*）が結実し，終焉時期には，野生のドリアン（*Durio* sp.）が実をならすという。どの果物が実をつけているのかによって，一斉結実のどの時期にあたるのかを人々は判断する。それと同時に，ヒゲイノシシの到来や脂肪の厚さによっても人々は一斉結実の時期を知る。

　一斉結実の時期に遠くからやってくるヒゲイノシシは，同じヒゲイノシシの種ではあるものの，とくにバブイ・トゥンと呼ばれる（表4-3）。人々によると，バブイ・トゥンはラジャン川の上流域からやってくるという。このヒゲイノシシの特徴は，複数の個体で行動をともにすることだ。ときには10頭以上が一緒にいることもあり，このように一か所に大量に出没するヒゲイノシシはとくにバブイ・ポプンと呼ばれる。一斉結実時にやってくる遊動性のヒゲイノシシは警戒心が薄いため，集落のすぐ近くで目撃されることもある。また，ラジャン川などの大河川を泳いで渡る姿も時々みられる。

　一斉結実の時期にやってくるヒゲイノシシのなかでも，一斉結実が始まったころの，脂がのり始めたヒゲイノシシはバブイ・ダバと呼ばれる。これに対し一斉結実が終わり，脂が薄くなり始め，別の地へ移動していくヒゲイノシシは

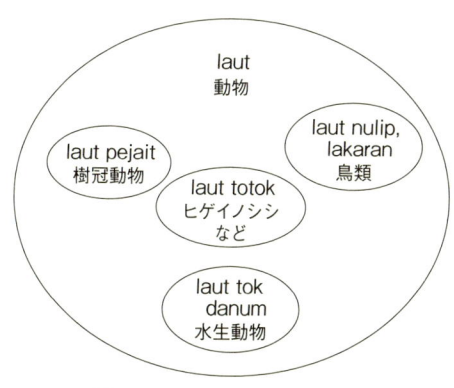

図4-2 シハンによる動物の分類

(図中: laut 動物, laut pejait 樹冠動物, laut totok ヒゲイノシシなど, laut nulip, lakaran 鳥類, laut tok danum 水生動物)

表4-2 シハンによる動物の雌雄の命名と分類

和名	学名	一般名称	成体オス	成体メス	若いオス	若いメス	子ども
ヒゲイノシシ	*Sus barbatus*	bavui	temanit	nyaru	urak	lati	jaing
インドキョン	*Muntiacus muntjak*	telauk	sahau	teno	manei	−	−
ブタオザル	*Macaca nemestrina*	baruk	gahau	〃	manei	−	−
ブライスガエル	*Limnonectes leporinus*	sa'ai	pama	〃	−	−	−
ミズオオトカゲの一種	*Varanus salvator*	alu	evung	〃	−	−	−
ミズオオトカゲの一種	*Varanus* sp.	menyawak	〃	〃	−	−	−
スイロク	*Cervus unicolor*	payou	angan	〃	−	−	−
ニワトリ	*Gallus gallus domesticus*	bak	bovong	〃	−	−	−
セイラン	*Argusianus argus*	owei	〃	〃	−	−	−
サイチョウ	*Buceros rhinoceros*	ayok ulu	〃	〃	−	−	−
マレーグマ	*Helarctos malayanus*	makup	peran	〃	−	−	−
スッポン	*Amyda cartilaginea*	belavi	〃	〃	−	−	−
ハコガメ	*Caora amboinensis*	kalop	〃	〃	−	−	−
リクガメ	*Indotestudo elongata*	kakung	〃	〃	−	−	−
マメジカ	*Tragulus* spp.	pelanuk	manei	〃	−	−	−
カニクイザル	*Macaca fascicularis*	kuyat	〃	〃	−	−	−
マレーセンザンコウ	*Manis javanica*	ayam	〃	〃	−	−	−
マレーシベット	*Viverra tangalunga*	sangit	〃	〃	−	−	−
ネコ	*Felis catus*	ngau	〃	〃	−	−	−
イヌ	*Canis familiaris*	ahu	〃	〃	−	−	−
鳥類その他	−	lakaran	〃	〃	−	−	−
哺乳類その他	−	laut	〃	〃	−	−	−

出典:筆者(加藤)の聞取調査による。

第4章 動物をめぐる知　141

バブイ・ウリと呼ばれる。一斉結実が終わると，ヒゲイノシシはまたラジャン川の上流域へ移動し，国境を越えてインドネシアのカリマンタンへ移動していくと人々は考えている。

　一斉結実の季節，人々は他の生業を休み，町での賃金労働をやめて狩猟に打ち込む。そのため，1日に数頭，ときには1回の狩猟で複数頭のヒゲイノシシが狩猟されることもよくある。一斉結実の時期，人々は森の果実に恵まれるだけではなく，ヒゲイノシシの肉にも恵まれ，豊かな季節を迎える。カルデコットによると，1984年にはフタバガキ科の一斉結実が起こり，豊猟であったため，1年間でヒゲイノシシ5895頭，シカ546頭がラジャン川上流から下流の町に食肉として運ばれていったという（Caldecott 1988: 47）。

　一斉結実の時期にやってくるヒゲイノシシに対し，一斉結実に関係なく，その地域に定住しているヒゲイノシシはバブイ・ニュブフンと呼ばれ，区別されている。このヒゲイノシシは一斉結実時のヒゲイノシシと同じ種であるが，成体は単独で行動すると考えられている。そして，一斉結実のヒゲイノシシと比べ，全体的に色は黒っぽく，剛毛で，個体の大きさは比較的小さく，脂の乗りが薄いという。この定住性のヒゲイノシシは，その生態によって以下のようにさらに分類されている。周囲に餌が少ないため痩せ，村周辺のサゴヤシの実や野生芋を食べてその地域を巡回しているバブイ・ヌリヨ，村の近くに生息するが，遠くの森で餌を食べているバブイ・ダッキン，一時的な小規模の一斉結実に際し，狭い範囲で移動し昼夜問わずに餌を食べるバブイ・ガトエンである。人々は同じヒゲイノシシ一種であっても，定住性と遊動性，さらにそれぞれの生態，行動，餌，個体の特徴などから下位分類を行っている。このような，ヒゲイノシシの生態に対する詳細な知識や認識は，人々の日々の狩猟活動のなかで得られ，そしてまた村で頻繁に語られる猟の体験談を通して村人の間で共有されている。

4-4-2　狩猟技術の継承と変化

　上記のように，村人の間で広く共有される知識がある一方で，個人による差異が大きい知識もある。そのひとつが猟法についての知識や技術である。以下ではシハンがかつて行っていた猟法と現在の猟法を比べ，かつて行われていた

写真4-2　ヒゲイノシシの成体の雄トゥマニット

写真4-3　狩猟されたスイロクを村へ運ぶ女性

表4-3　シハンによるヒゲイノシシの生態の分類

大分類	外見の特徴	小分類	食性，生息域	一斉結実
bavui tun 遊動性のヒゲイノシシ	・白い ・毛並みが滑らか ・脂がのって厚い脂肪層がある（多くて指8本分）	bavui davak	・一斉結実の時期に上流から群れでやってくるヒゲイノシシ ・時として集落のすぐ近くに出没する	有
		bavui popun	・一斉結実中，ある一か所に大量に出没するヒゲイノシシ	有
		bavui ulik	・一斉結実が終わり上流へ帰っていくヒゲイノシシ ・脂肪が徐々に薄くなる	有
bavui nyevuhung 定住性のヒゲイノシシ	・黒っぽい灰色 ・剛毛，荒毛 ・脂があまりのっていない（多くて指3本分）	bavui neliyo	・サゴヤシの実や野生のイモを食べる ・狭い領域内を循環する	無
		bavui dakin	・村の周辺に定住 ・寝床は近いが餌場は遠いこともある	無
		bavui ngatoen	・小規模な結実に合わせ，狭い範囲で移動する ・昼間も夜も餌を食べる	無
	・脂がのっている	bavui sawit	・昼間は天然林に生息し，夜はプランテーションで餌を食べる	無

出典：筆者（加藤）の聞取調査による。

猟法についての知識や技術が，どのように個人間で差異があるのかを述べる。

従来行われていた森のなかでの狩猟方法

　シハンは，1960年代以前の遊動時代には，投げ槍，吹き矢，跳ね罠，鳥もち，竹槍を用いた多様な狩猟法を用いていた（表4-4）。狩猟に用いる道具は基本的には他のボルネオ先住民と同じである[*9]。彼らにとってもっとも重要な狩猟動物であるヒゲイノシシや大型の哺乳類であるホエジカ，スイロクなどは，通常，昼間に投げ槍を用いて狩られていた。投げ槍は，ボルネオ鉄木（*Eusideroxylon* spp.）などの硬木から作られ，先端に鉄の刃が結ばれている。ヒゲイノシシやスイロクなどの足跡を見つけ，その跡を追っていくのである。猟犬やトーチライトを使わずに，人の視覚や聴覚，嗅覚，経験などだけを頼りに行われていたこの猟法はムルルと呼ばれる。ムルルで重要なのは，できるだけ新しい足跡を見つけることである。とくに雨上がりだと，動物の足跡が鮮明に残るため，猟に適している。人々は動物の足跡を見ると，動物の種類，足跡がつけられた日，動物が向かった方角のおおよその見当をつけることができる。動物が果実を食べた跡がある場合には，待ち伏せ猟も行う。夕方，動物の餌となる実がなっている木の上や少し離れたところで，動物が餌を食べにくるのを待ち伏せする猟法である。

　投げ槍猟法では，犬に動物の臭いをかがせて追わせることもよくある。これはナガと呼ばれる猟法である。犬の嗅覚は非常に優れており，犬に動物を追わせることによって猟の成功率が格段に高くなる。また，一斉開花の時期には，交尾中のヒゲイノシシを狩猟することもある。このようなヒゲイノシシはバブ

表4-4　狩猟方法と主な対象動物

狩猟方法	シハン語	主な対象動物
投げ槍猟	maluk	ヒゲイノシシ，スイロク，ホエジカ
吹き矢猟	nyupit	リーフモンキー，ブタオザル，ツパイ
銃猟	nimak	あらゆる動物
跳ね罠猟	ovet	ヤマアラシ，セイラン
鳥もち猟	lakaran pulut	コクモカリドリ，センニョムスクイ
竹槍猟	belatik	ヒゲイノシシ，スイロク，ホエジカ

イ・クバハンと呼ばれ，肉としては臭いがきつく，美味しくないものの，その鳴き声によって場所を突き止めることができるため，狩猟が比較的容易であるという。

　遊動時代，投げ槍猟の次に重要な猟法は吹き矢猟であった。[*10] 吹き矢もボルネオ鉄木などの硬木に細い穴を空け，そこに毒を塗った極細の矢を入れて，ありたけの息で矢を飛ばし射止めるものである。この地域でおもに利用される毒は，クワ科の植物（Antiaris taxicaria）の樹液から作られる。吹き矢を用いるとリーフモンキー，カニクイザル，ツパイ[*11]などの樹上動物，鳥などを射止めることができる。この猟法は，動物の近くまで接近するため，風向きや音などに慎重に対処する必要がある。狩猟は聴覚と嗅覚を鋭敏に働かせながら行われる。動物がたてるさまざまな音に耳を澄ませ，ときには草笛で動物をおびき寄せて動物に接近していく。また彼らは，動物の匂いを敏感にかぎ分け，動物の種類や方向，だいたいの距離を察することもできる。

　投げ槍，吹き矢に次いで，副次的に用いられていたのが跳ね罠猟である。罠を作るのに必要なものは木の小枝とラタンなどの蔓である。蔓で作った輪の部分を動物が踏むことによって，蔓が締まり，動物は足をとられて吊り上げられる仕組みになっている。周囲には動物を罠に誘導するように木の枝が配置される。跳ね罠猟で狩猟することができるのは，セイラン（Argusinanus argus）や，ヤマアラシ，マメジカなどの小型動物が多い。

　その他，鳥類をとるためには，鳥もち猟も行われる。ゴムの樹液を木の枝に伸ばし，それを水辺に置いて，鳥類を獲る方法である。対象となる鳥は，コクモカリドリなどの小型の鳥である。鳥たちが川辺に水浴びに来る時間を見計らって，昼過ぎの午後1時ごろに仕掛けに行く。仕掛ける際には，鳥の足場となる石を慎重に吟味し，飛び立つ際に，羽に樹液が引っかかるように設置する。一回の鳥もち猟で10〜20羽の鳥を獲ることができる。鳥もち猟は，若者たちが遊びとして行うことが多く，投げ槍猟や吹き矢猟と比較して，副次的に用いられている。また，現在は行われていないが，かつては竹槍猟も行われていた。これは，けもの道にラタンなどの蔓をはっておき，その蔓に動物があたると竹槍が放たれ刺さる仕掛けになっているものだ。かつては，ヒゲイノシシやスイロクを狩るのに用いられていた。しかし竹槍は，森のなかを歩く人にとっても

危険であるため，現在では用いられていない。

狩猟技術の変化と継承

　従来，人々は，多様な動物の生態や特徴を認識し，それに合わせたさまざまな猟法を併用していたが，現在では，ほとんどの場合ライフル銃を用いている。銃を使った猟の方が格段に命中率がよいからだ[*12]。吹き矢を使った場合，毒が回るまでに数分から数十分かかることもあるが，銃を使った場合，瞬時に獲物を殺すことができる。ブロシアスによると，この地域に猟銃がもちこまれたのは第二次世界大戦以降ということである（Brosius 1992）。シハンはラタン製のマットと交換することによって華人からライフル銃を入手したという。また，遊動時代は昼間の狩猟を主に行っていたが，トーチライトが手に入るようになってからは，夜間の狩猟も頻繁に行うようになった。夜，川沿いの湿地や柔らかい土地で口を使って土を掘り返し，ミミズなどの土壌動物を食べるヒゲイノシシや，果実を食べるヒゲイノシシ，樹上動物であるシベットなどをトーチライトで照らし猟銃でしとめることが多い。

　ライフル銃の普及に伴い，投げ槍や吹き矢を用いた狩猟は行われなくなりつつある。20代から80代のシハンの男性15人に，狩猟道具の製作経験や知識について調査を行ったところ，70代以上の男性は吹き矢，矢毒，槍ともに製作することができ，それらを用いて獲物を獲った経験もあるが，30代から60代の男性は矢毒が作れ，吹き矢や槍で獲物を獲ったことがあっても，自身では吹き矢や槍を製作することができないと答える人が多くみられた（表4-5）。また，20代以下の男性は槍を用いて獲物をしとめたり，植物から矢毒を作ったりした経験がないと答える人も多くみられた。狩猟道具を作る知識や技術は世代による傾向が出るものの，個人による差異も大きい。とくに若い世代においては，生業活動の多様化によって，狩猟以外の経済活動に傾注する人も増えてきている。狩猟を活発に行う人と行わない人とでは継承する知識や技術に差が表れるようだ。

表4-5 シハンの男性にみる狩猟技術の伝承

生年	名前	投げ槍	吹き矢	矢毒	跳ね罠	竹槍
1929	ML	○	○	○	○	○
1938	NG	○	○	○	○	△
1946	NW	▲	▲	○	○	△
1949	MU	○	○	○	○	△
1951	JT	▲	▲	○	○	△
1954	ER	▲	▲	○	○	△
1957	BG	▲	▲	○	○	△
1960	TB	×	▲	○	○	△
1962	LO	○	○	○	○	△
1967	BT	▲	▲	○	○	△
1969	TW	▲	▲	○	○	×
1973	JN	▲	▲	○	○	×
1982	BR	×	▲	×	○	×
1982	WT	▲	▲	×	○	×
1985	DI	×	▲	×	○	×

出典：筆者（加藤）の聞取調査による。
注：○道具を作ることができ，獲物をとったことがある
　　△道具を作ることができるが，獲物をとったことはない
　　▲道具は作ることができないが，獲物をとったことはある
　　×道具を作ることができず，獲物をとったこともない

4-4-3 動物に対する内面的な認識

狩猟に関するタブー

　上記では，動物の分類，生態に関する知識や狩猟方法に関する知識について述べてきたが，動物に対する知識には，精神的な知識や認識もある。それは，人と動物との内面的な関係を考える上で非常に示唆的である。動物に関する精神的な知識や認識は，多くの場合タブーとなって表れ，人間の行動を規制する。ボルネオにおいて，動物に関するタブーのなかでもっともよく知られているのは，動物をあざ笑うことへのタブーである。このタブーを破ったときに発生す

第4章　動物をめぐる知　147

ると考えられている超自然的な制裁である雷複合（thunder complex）については，これまでにもさまざまな民族の間で報告されてきた（内堀 1996, 奥野 2010 など）。しかし，動物に関するタブーは，あざ笑うこと以外にも多くの種類が存在する。

　そのひとつは狩猟中にある種の言葉を発することの忌避である。シハンにとっては狩猟中には忌み嫌われる表現が多く存在する。もっとも基本的なものには，狩猟をすることを直接的に示唆する言葉の忌避である。マレー語において狩猟をすることをムンブルというが，シハン語ではそれに該当する言葉は存在しない。シハン語では，かわりに「歩く」という動詞が使われる。これは，彼らが「狩りにいく」という直接的な表現を嫌うことの現れでもある。「狩りにいく」という直接的な表現を用いると，森のなかの動物の精霊であるトゥンがそれを聞き，どこかへ逃げていってしまうと考えている。人々は動物を含むすべての生物には精霊であるトゥンが存在し，このトゥンは人々の言葉を聞いて，人々が意図することを妨げると考えている。このため，人々は，狩猟に行く準備をしている人がいると「何をしているの？」「どこへ行くの？」といった不用意な質問はせず，見て見ぬふりをするのである。

　また，ある種類の動物は狩猟中には別名で呼ばなければならない。たとえば，森のなかで蛇という言葉を発してはならず，蛇の代わりに「蔓」という言葉が用いられる。とくに毒ヘビであるアマガサヘビに出くわした場合は，敬意をこめて「アケ・ウロム（黒いおじいさん／おばあさん）」と呼び，また同じく毒ヘビであるラインに出くわした場合には「アケ・アラン（赤いおじいさん／おばあさん）」と呼ぶ。そして「黒いおじいさん／おばあさん，さあお逃げなさい」と促すのである。ワニには，その本来の名称であるブアイという呼称は決して用いず，代わりに「アケ・タレック（タレックおじいさん／おばあさん）」と呼ぶ。アケというのは祖父母に対する呼称と同じであり，この呼称がつく動物は，もともと人間と同じ祖先であったと考えられているため，とくにねんごろに扱われる。

　言語表現としてのタブー以外に，行動に関するタブーも多く存在する。たとえば，狩猟に出かけようとしているときに，村に残る人を含めて誰かがくしゃみをした場合には，小一時間ほど経ってから出発せねばならない。これは，森

のなかで起こるであろう災難を予測して知らせていると解釈されている。また，吹き矢猟に出かけるところは，他の人に見られてはならない。もし，他の人に見られてしまったら，それは猟師の放つ矢も動物によって見られてしまうと考えられているからだ。逆に，罠猟から帰ってくるところも他人に見られてはならないとされている。もし他人に見られてしまったら，動物も猟師が仕掛けた罠を知ってしまうと考えられているためだ。人々は，動物が人間と同じように主体性をもち，動物の意図は人間の行動に影響すると考えている。これらは，人々の間で共有されている知識や実践である。

動物に対する食物禁忌

　人と動物とのより内面的な関係は，人々が動物を食べる場面からうかがい知ることができる。ボルネオの先住民社会において，ある種の動物を食べることは，薬としての効果があると考えられてきた。たとえば，シハンの人々の間ではホエジカなどの胎児は滋養薬として用いられ，リーフモンキーの内臓やマメジカの内臓も非常に苦味が強いものの滋養薬として用いられてきた。またヤマアラシの胆石は解毒剤としても用いられてきた。こうした動物の利用法は自身の健康と関連した知識であるといえよう。

　逆に，ある種の動物を食べないことによって自身の健康を維持する知識も発達している。従来，森のなかのさまざまな動物を狩猟してきたシハンにとって，ありとあらゆる動物を食べているようにもみられるが，個々人の食事行動を観察すると，個人によって食べない動物も多く存在する。それは，大きく分けて食べ物とみなさない動物と，食べ物とはみなすが意図的に狩猟や摂食をしない動物に分けられる。食べ物とみなさない動物には，ウンピョウやワニなど，人間を食べる動物が含まれる。さらに，一度飼育した野生動物も食べ物とはみなされない。彼らが狩猟を行う際，母親である動物を狩猟したときに，子どもの動物も生きたまま捕獲されることがよくある。このような場合，動物の子どもは飼育され，食べ物とはみなされない。イヌやネコも同様に食べ物とはみなされず，鶏や豚，牛などの家畜も食べ物とはみなされない。そのため，町で鶏肉や豚肉，牛肉が容易に手に入るようになったにもかかわらず，これらの家畜動物の肉を嫌悪し，食べない人は多くいる。これらは人々の間で共有された認識

といえるであろう。

　一方，多くの人々にとっては食べ物であるとみなされても，ある個人にとっては禁忌となり，意図的に狩猟や摂食を避ける動物も多く存在する。これはラリとウタムのふたつに分けることができる。ラリとウタムとなる動物は，個人によって異なる。ラリは，一時的な禁忌であり，本人の健康のために自ら特定の種類の動物を食べることを避けたり，呪医によって食べることを禁じられることである。家族の食料のためには狩猟をすることができ，病気や症状が治まると再び食べることができるようになる。シハンの人々に対して21歳から89歳の男女16人への聞き取りをした結果，1人あたり1～18種のラリとなる動物が確認された。哺乳類以外にも，ミズオオトカゲなどの両生・爬虫類，魚類，鳥類，キノコなどの菌類，植物も含まれており，44種の動物のうち，29種の哺乳類が含まれていた。種別では，マレーシベットがもっとも多く8人，次いでジムヌラは7人，センザンコウは6人，カワウソは5人，ミューラーテナガザルも5人が禁忌としていた。多くの人は，かつてこれらの動物を食べた際に，嘔吐や高熱，体が冷たくなるなど体に異変が起こり，それをきっかけにこれらの動物を忌避するようになったという。[*13]

　たとえばPさん（32歳，男性）は幼いころカニクイザルを食べた後に，正気を失ったように興奮してサルのように家の柱によじ上り，棟にぶら下がって奇声を発した状態がしばらく続いたという。また，Dさん（27歳，男性）は，ミューラーテナガザルを食べた夜に，寝言でサルのような鳴きまねをしたことから恐れるようになったという。彼らにとって寝言というのは，悪霊が本人の魂を乗っ取ったため発せられると考えられており，その状態が長く続くことはすなわち死を意味する，非常に恐れられた状態である。このように，動物を食べて身体に異常を発して以来，それを忌避する人が多くみられた。その動物のもつ主体性は，それを食べることによって人間のなかに内在化し，人間の行動にまで影響を及ぼすと考えられているからだ。先に述べた生息密度を考えると，禁忌とされる動物の多くは，生息密度の低い動物であった。あまり狩猟されることがなく，食べ慣れていない動物は，それを食べた際に体に異変が起こることを恐れて忌避する人もいた。

　動物を食べて体に異変を発すること以外にも，呪医に特定の動物の霊を使っ

て治療してもらった場合には，その動物はラリとなり食べることができなくなる。呪医はさまざまな動物の霊を使って人を治療し，治療の際に用いられた動物は，以降その人にとって禁忌動物となる。たとえばBさん（46歳，男性）は以前，長期間の発熱や虚脱感が続き診療所で入手した薬も効果がなかったときに，呪医によってマメジカの霊を使って治療してもらった。それ以降Bさんはマメジカを自分の禁忌動物とし，食べることはなくなったという。

　かつて，医療機関での受診が困難な時代においては，自身の健康に害を及ぼす動物を避けることはきわめて重要であった。近年政府の無償の診療所ができ，無料で薬が手に入るようになった後も，食物禁忌は自身の健康と非常に深くかかわるものとして根強く守られている。現在，彼らは猟銃の使用によって，あらゆる動物を効率的に狩ることが可能になったが，どんな動物でも好き勝手に狩っているわけではなく，動物と自身の身体の関係により，実際には食べない動物も多く存在する。

　上記の健康に関連した食物禁忌であるラリに対し，個人的なトーテム[*14]といえるウタムはより強い拘束力をもつ禁忌であり，摂食はもちろん狩猟も許されない[*15]。禁忌を守ることによって，その動物が守護霊となりその人の体に内在化し，呪医になる方法を得たり，さまざまな危険を回避したり，特別な庇護や能力が得られると信じられている。通常ウタムとなる動物は夢見によって知らされ，おなじ家族でも個人ごとに異なる。自分のウタム動物について，他人はもちろん，家族にも積極的にそのことを言及することはない[*16]。なぜならよい夢見があった際にその内容を人に話すと，それを悪霊が聞いて妬み，ウタム動物が逃げていくと考えられているためだ。しかしながら，人々は普段の食事において，その人が何を食べ，何を食べないのかを観察しており，その人が何のウタム動物を保持しているのかを認識している。

　たとえば，1929年生まれのMさん（男性）はマメジカ，リーフモンキー，センザンコウがウタム動物であるという。彼は若いころに夢見によってマメジカが夢に現れたことをきっかけに，これをウタム動物とし，呪医になる方法を得たという。続いてリーフモンキー，センザンコウが夢に現れ，これらもウタム動物とした。ウタム動物が多くなるにつれて，呪医として，さまざまな治療ができるようになっていったという。彼が他の人に比べて圧倒的に長寿であり，

シャーマンとしての霊力が強いのは，彼の身体にウタム動物が内在しているためであると人々は語る。ウタム動物を守る人にとって，ウタム動物を傷つけたり殺したりすることは，同時に自分の死をも意味するものであり，非常に影響力の強い存在であるといえる。またＳさん（1936年生まれ，男性）はバナナリスが夢に現れて以来，これを長年ウタム動物としてきた。彼は吹き矢の名手として知られていた。しかし，晩年，物忘れがひどくなった際に，孫が捕えたバナナリスを床にたたきつけてしまったことがあった。その１週間後に彼は亡くなったのであるが，人々は彼がウタム動物を粗末に扱ったがために，命を失ったと語る。動物は人間の生命にかかわる存在として扱われ，特定の動物と個人的なトーテム関係を結び，禁忌を遵守することは，現代的な状況においても依然として重視されている。このような動物に対する禁忌やトーテムは，人々が動物との個人的な相互関係を通して獲得した知であるといえよう。

4-5　プランテーション化と動物に関する新たな知識

　ボルネオの熱帯林には多様な動物が生息しており，そこに暮らす人々も動物に対し独自の知識を形成してきた。このように形成された知識は，近年のプランテーション化のなかで，どのような変化をみせているのであろうか。サラワクでは1970年代後半より木材産業が発展し，州のほぼ全域に伐採道路が網の目のように張り巡らされていった。そのため，交通路は河川から道路に変化していき，政府も河川交通から陸上交通の整備に多額の資金を投入するようになった。第２章で祖田が述べているように，従来，人々はアクセスのしやすい河川沿いに村をつくり，焼畑をつくることが多かったが，陸上の交通網の発達に伴い，1980年代以降は道路沿いに住居を移し，焼畑を拓く人が多く現れた（井上 2000, Uchibori 2004）。河川沿いの土地はすでに開墾されつくしているのに対し，もともと森林であった場所に人工的に切り拓いた伐採道路沿いには，未開墾のまま残された森林が広大に残っていたためだ。そのため，新たな開墾地を求めていた人々が1990年代よりつぎつぎと伐採道路沿いへ移住していった。

　また，第３章で市川が述べるように，サラワクでは1990年代よりアブラヤシの栽培面積が急速に拡大していった。当初これらのプランテーションは沿岸

部を中心に展開していったが，2000年代に入ると先住民が多く暮らす内陸部にも進出した。そのため，人々の暮らす村の周囲の森林や二次林が次々とアブラヤシ・プランテーションに転換されていき，人々の居住域とプランテーションが近接するようになった。さらに，内陸の先住民自身も，ここ10年ほどの間に自らアブラヤシを植えて小農として台頭し始めている[*17]。そのため，企業のアブラヤシ・プランテーションや自身のアブラヤシ園に周囲を囲まれる村も多く存在するようになってきた。このような村の周辺環境の変化は，人と動物の関係にどのように表れるのであろうか。

4-5-1　プランテーション内の動物に関する人々の知識

　周辺環境が天然林からプランテーションへと変化していくなかで，シハンは周辺に生息する野生動物をどのように認識し，どのような知識を形成しているのであろうか。以下では，プランテーション化のなかで人々が動物に対してどのように新しい知識を獲得し，従来の知識と融合させているのかを考察する。

　1990年代後半に伐採道路沿いに移住したシハンは，プランテーションが造成される前は，近くの天然林のなかで狩猟をしていたという。2000年代半ばに入り，村の周辺にプランテーションが造成されるようになると，森は切り拓かれ，整地され裸地になった。そのため，人々はまだ残っている遠くの天然林にバイクで行き，狩猟を行ったという。しかしながら，アブラヤシの苗が植えられ始めたころから状況が変わっていく。ヤマアラシなどの小動物がアブラヤシの芽を食べにプランテーションのなかにやってくるようになったからだ。先述のように，ヤマアラシがアブラヤシ・プランテーションを生息域としていることは，McShea et al. (2009)でも述べられている。しかし，シハンの村の周辺では，プランテーションだけでなく，小農自身が栽培するアブラヤシの芽を食べることもよくある。このようなヤマアラシを求めて，人々は跳ね罠などをアブラヤシ園のなかに設置するようになったという。

　その後，アブラヤシが実をつけるころには，さらにさまざまな動物がアブラヤシ・プランテーションのなかでみられるようになっていった。ヒゲイノシシ，ミスジパームシベットやツパイなどである。ヒゲイノシシやミスジパームシベットが熟れたアブラヤシの実を食べているところは，プランテーションのな

かで頻繁に目撃されるようになった。ヒゲイノシシは，人の活動域から遠い天然林においては，昼間にも夜にも餌を求めて動き回るようであるが，プランテーションにおいては，夜間にのみ餌を食べにやってくるという。プランテーション内では，昼間は労働者が作業をしているため，野生動物は夜に餌を食べるように生態を変えているのであろう。[*18]

　このような語りは周辺住民からだけではなく，プランテーション会社に勤めている従業員からも聞かれる。ヒゲイノシシは従来，おもに食料として重宝されていたのであるが，プランテーション会社からは，若いアブラヤシの実や芽を食べる害獣として問題視されている。サラワクのジェラロン川上流のプランテーションでは，狩猟したヒゲイノシシの尾を1尾もっていくごとに褒賞金として35リンギ[*19]が支払われるとのことである。こういった状況はサラワクのみならず，インドネシアのカリマンタンやスマトラのプランテーションにおいてもみられるようだ。インドネシアやマレーシアの一部のプランテーション会社でも，イノシシによる食害対策として，住民によるイノシシ猟を奨励しているとのことである。[*20]

　ヒゲイノシシは，これまで天然林においては，一斉結実に伴い，果実のあるところに集団で移動していたが，プランテーションのなかや周辺においてはどのように生息しているのであろうか。シハンの人々によると，アブラヤシ・プランテーションのなかにいるヒゲイノシシはババイ・サウィットと呼ばれ，普段からその地にいる定住性のヒゲイノシシの仲間であるという（表4-3）。プランテーション周辺の天然林に何も餌となるような果物がなっていない時期には，ヒゲイノシシは昼間天然林の藪のなかに寝床を作り生息しつつも，夕方起き出して夜プランテーション内に移動しアブラヤシの実を食べているという。一方，天然林で餌となるシイやカシ，エンカバン（*Shorea* spp.）など，ヒゲイノシシが好む果物がなっている場合には，天然林で餌を食べると考えられている。このような季節には，プランテーションに出没するヒゲイノシシの数が少なくなるという。先述したように，ヒゲイノシシは，プランテーションだけの地域にはあまりいないが，プランテーションと天然林が混在する地域においては高い生息密度となっていることから（加藤・鮫島未発表データ），ヒゲイノシシが実際このように行動している可能性は十分考えられる。

4-5-2 新たな知識の獲得と狩猟への実践

　それでは，人々はプランテーションという新たに作り出された環境のなかで，どのように動物の行動を認識し，狩猟を行っているのであろうか。以下では人々がプランテーション内や周辺で行う狩猟に着目し，新たに獲得された知識とその応用について述べる。

　これまで，人々は天然林において昼間に狩猟を行うことが多かった。ヒゲイノシシやシカなどの動物の新しい足跡を見つけ，それを追って行き仕留める方法である。もしくは，ヒゲイノシシなどの動物が餌を食べに来るのを待ち伏せして仕留める方法である。しかしながら，プランテーションにおける狩猟は，これまで天然林で行われていた狩猟とは異なる方法でなされている。

　アブラヤシ・プランテーションにおいて，ヒゲイノシシは夜中にプランテーションに入りアブラヤシの実などを食べて，明け方前にプランテーションから同じようなルートを通って天然林に戻っていく。そのため人々は，夜ヒゲイノシシがプランテーションに入ったころを見計らって，天然林とプランテーションの境界で足跡を探す。そして見つけたらヒゲイノシシが餌を食べ終えて戻ってくるのを待ち，天然林に戻るヒゲイノシシを猟銃で仕留めるのである。また，プランテーション内でアブラヤシの実を食べているヒゲイノシシを狩猟することもある。この場合には，トーチライトでヒゲイノシシを見つける。果実を食べているヒゲイノシシは，餌に集中しているため周囲への警戒心が弱く，狩猟がしやすいという。しかしながら，プランテーションのなかでの猟銃を用いた狩猟は，安全面からプランテーション会社によって禁止されていることもあり，あまりこの方法では行わない。このように人々は，夜間プランテーションに採餌に来るヒゲイノシシの新たな生態を認識し，これまでとは異なる方法で狩猟を行っている。

　実際，2008年の1年間に，プランテーション周辺に暮らすシハンが行う狩猟の半分以上はプランテーション内，もしくはその周辺での夜間の狩猟であった。人々によると，プランテーション内での狩猟は天然林での狩猟と比較して容易であるという。一方で天然林での狩猟と比べると，プランテーション内で狩猟される動物の種類は少ないといえる。天然林で狩猟を行う場合，対象とな

る動物はヒゲイノシシ以外に，シカ，シベット，センザンコウ，ブタオザルなど多様であった。しかし，プランテーション内で狩猟できる動物は，ヒゲイノシシ以外にシベットやツパイなどがあるものの，7割以上がヒゲイノシシであった。

　人々は，アブラヤシ・プランテーションにおいてもヒゲイノシシの好む果実の結実状況，天候，足跡，食べた跡などを事細かに観察して狩猟を行っている。これまで天然林で行っていた狩猟の経験や動物に対する知識を併用しながら，新たな知識を融合しているといえる。このような人々の狩猟活動は，実践のなかで獲得される知識の集積であろう。プランテーション化により野生動物の生態も変化しているが，それに適応しながら，人々も狩猟を行い，新しい知識を蓄積しているのであろう。

　近年ボルネオでは，アブラヤシ・プランテーションに加え，アカシア・プランテーションも拡大している。アブラヤシ・プランテーションに比べると，アカシア・プランテーションと村落が隣接している地域はまだ少ないが，今後増えていく可能性もある。第2節で述べたように，アカシア・プランテーションのなかでもヒゲイノシシ，ブタオザル，マレーシベットなどの動物が生息しており，そのような動物に対しても人々が新しい知識を形成し，新しい狩猟方法を実践している可能性があるだろう。

4-6　おわりに

　ボルネオの熱帯雨林ではここ数十年，天然林の面積が激減し，プランテーションが拡大しており，急激な環境の変化が起こっている。それは，従来天然林に生息してきた野生動物の生態に大きな影響を与えている。そして，その地に暮らしてきた人々の生活にも変化をもたらした。野生動物は従来天然林に生育するさまざまな植物の枝葉や果実などを餌として生息してきており，ボルネオの多様な動物相はその森の豊かさによって維持されてきた。そのため，商業伐採による森林の劣化や近年急速に拡大しつつあるアブラヤシやアカシアによるプランテーションの拡大は，動物の生息に深刻な影響を与えてきた。

　しかしながら，本章で示したように，最近ではこの新しい環境に適応するこ

とのできる種も存在することがわかってきた。たとえば，シベットやマメジカなど多くの種類は，択伐の入った森林でも生息することができ，ヤマアラシやヒゲイノシシはアブラヤシ・プランテーションのなかでも生息することが確認されている。また，ヒゲイノシシやブタオザル，マレーシベットはアカシア・プランテーションのなかでも生息することが確認されている。野生動物の生息域は，プランテーションという新たな環境に適応して変化しているといえる。

　プランテーションが動物の新たな生息域となっている一方で，プランテーション化による動物の繁殖活動への影響はまだわかっていない。エンカバンなどのフタバガキ科の樹種はプランテーションのなかには存在せず，加えて木材としても価値があるため，多くの木が伐採されている。ヒゲイノシシは，従来エンカバンなどの実の一斉結実に合わせて繁殖をしていたことから，恒常的に実がなっているアブラヤシ・プランテーションが，繁殖に効果的に作用する可能性も考えられる。一方で，ヒゲイノシシの繁殖にはやはりエンカバンなどの一斉結実が不可欠であるのかもしれない。この点を確認するためには，今後ヒゲイノシシ以外の動物も含めた長期的な調査が必要となるであろう。

　本章の後半部分では，人々の野生動物に対する認識，分類について述べるとともに，動物を狩猟するための知識にはどのようなものがあり，その多くが近年消失しつつある一方で，新たな知識が生み出されている状況を述べてきた。狩猟についての知識では，投げ槍や吹き矢，竹槍を用いた猟法が若い世代に受け継がれなくなっている。しかし，同時に新しく導入された猟銃やトーチライトを使用した猟法が普及している。トーチライトを使うことによって夜間のヒゲイノシシの生態や生息場所について知識を得て，それをプランテーションでの狩猟にも応用している。アブラヤシ・プランテーションで行われる狩猟も，これまで天然林で行ってきた狩猟の応用であり，その背景にはヒゲイノシシの生態についての詳細な知識が存在する。自然環境の変化とともに，野生動物の生態も変化しており，そのなかで人々は動物の生態に関する知識を常に更新し続け，狩猟に生かしている。動物の生息できる環境があり，そこに動物が生息する限り，人々の野生動物に対する知識は絶えず更新されていくであろう。

　しかしながら，それもある程度の天然林が残っており，動物が生息できる環境が残っていることが前提となる。もし仮に，今後あるひとつの地域が完全に

アブラヤシ・プランテーションに覆われてしまい，その地域に動物が生息できないような状況になっていくと，人々の野生動物に対する知識も失われていくかもしれない。こうなると，人々と動物との精神的な関係にはどのような影響があるであろうか。アブラヤシ・プランテーションにおいては，もともと生息密度の低かったリーフモンキーやテナガザルなどの動物はさらに生息できなくなっている。シハンが禁忌とする動物は，もともと生息密度の低い動物が多いことから，禁忌となる動物はますます狩猟しづらくなり，ラリやウタムは引き続き実践されるであろう。しかしながら，ヒゲイノシシを含めて野生動物が全体的に減っていけば，家畜動物を食べることに対する忌避は弱まるであろう。実際，若い世代では，鶏肉や鶏卵，養豚を食べることに忌避感を抱かない人もいる。

　伝統的な生態学的知識や在来の知識は，ともすれば変わりにくいものとみなされやすく，そのため，そのような知識をベースとする社会は急速な近代化に適応できず，コミュニティの崩壊や言語の消失をもたらすとみなされがちであった。しかし近年では知識の可変性や可塑性に注目が集まりつつある。たとえばボルネオの焼畑農耕民はこの数世紀の間に，中南米から導入されたタピオカ，トウモロコシ，ゴムなどを焼畑農耕システムの一部として取り入れてきたし（Ellen 2007），近年ではアブラヤシの栽培法を習得し，急速にその栽培面積を拡大しつつある。また，本稿で示したように，もともと狩猟採集を主な生業としてきた人々も，アブラヤシ・プランテーションの拡大という環境改変に応じ，動物の生態がどのように変化しているのかを認識し，それに応じた狩猟方法を発達させている。つまり，新しい環境下において新しい知識を獲得し，従来の知識に合わせつつ対応している。近代化に伴う社会の変容は，ともすればその負の影響ばかりが強調されがちである。しかし一方で人々は古くからの森の動植物に対する知識を活用しつつ，柔軟に生活スタイルを適応させている一面もある。このような実践はボルネオだけではなく，急速に開発が進む世界のさまざまな場所で行われているだろう。そのような実践の事例を集め，人々のもつ知識にはどのような可能性があるのかについて理解を深めていくことが，グローバリゼーションのなかで地域社会の頑強性を高めることに貢献すると思われる。

注

* 1　原生林，もしくは択伐によって太い木は少ないものの，もともとあった樹種が多く残っている森林。
* 2　森林において，太陽光線を直接受ける，高木の枝葉が茂る部分。
* 3　地上から1.3mの高さにおける立木の直径。
* 4　ツキノワグマ，ニホンジカ，カモシカ，ニホンザル，タヌキ，アナグマ，イタチ，テン，ノウサギ，（以下外来種の）アライグマ，ハクビシン，ヌートリアなど。
* 5　森林のなかの地表面。
* 6　種子から発芽した若い植物のこと。
* 7　2012年11月，中林雅氏私信。
* 8　ブタオザルは，さらに単独で行動する個体（バルック・ムナンゴン）と群れで行動する個体（バルック・ポプン）に区別されている。
* 9　ただし，農耕民では吹き矢を用いた狩猟はあまり行われない。
* 10　サラワクのブラガ地域の狩猟採集民においては，槍猟がもっとも重要で吹き矢猟は副次的に用いられていたのに対し，バラム地域の狩猟採集民においては逆で，吹き矢猟がもっとも重要で，槍猟が副次的に用いられていたという（Brosius 2007）。
* 11　ツパイとは東南アジアの熱帯雨林に生息する樹上性の動物で，長い尾をもち，やや細身のリスのような姿である。昆虫や果実を食べる。
* 12　しかし，サラワクの沿岸部のプランテーションが広がる地域では，猟銃の使用が危険視され，罠猟がよく使われる地域もある。
* 13　ハリネズミ科に属する体長18～22cmの動物で，全身を硬い体毛で覆われている。
* 14　ある個人または集団が，それぞれ特定の動植物と超自然的関係で結ばれていると信じられている場合，それらの動植物（まれには天然現象も）をトーテムと呼ぶ。
* 15　ボルネオの先住民であるイバンにおける食物のタブーは，個人ないし，ビレックの構成員にかかわるビレック・トーテムであるという。それは，ビレックの創始者にかかわることや，ビレックの歴史上の出来事と深くかかわり，ビレックが消滅することによって，一般にそうした食物のタブーも引き継がれることがないという（内堀1996）。
* 16　人々は，他人のウタム動物について，その人の狩猟や食事の行動を観察し，知ることができる。また，ウタム動物によって呪医になる方法を得た場合，動物の霊を使って他人を治療することがある。治療の際に歌われる歌の内容からもその人のウタム動物が何であるのかを知ることができる。
* 17　比較的狭い田畑を所有し，自家の労働力を中心に小規模の農業を行う農民。

* 18　Jason, H. "Habitat and resources use by wildlife inside a production forest environment" 第33回人間活動下の生態系ネットワークの崩壊と再生研究会，2011年7月7日，総合地球環境学研究所での口頭発表による。
* 19　約900円。
* 20　2010年7月10日に京都大学で行われた第7回アブラヤシ研究会における加藤剛氏のコメントによる。

参考文献

井上真　2000「地域発展のかたち――カリマンタン」『地域発展の固有論理』地域研究叢書10，京都大学学術出版会，245-298頁。

内掘基光　1996『森の食べ方』東京大学出版会。

大村敬一　2002「『伝統的な生態学的知識』という名の神話を超えて――交差点としての民族誌の提言」『国立民族学博物館研究報告』27（1）：25-120頁。

奥野克巳　2010「ボルネオ島プナンの『雷複合』の民族誌――動物と人間の近接の禁止とその関係性」中野麻衣子・深田淳太郎共編『人＝間の人類学――内的な関心の発展と誤読』はる書房，125-142頁。

加藤裕美　2008「サラワク・シハン人の森林産物利用――狩猟や採集にこだわる生計のたてかた」秋道智彌・市川昌広編『東南アジアの森に何が起こっているか――熱帯雨林とモンスーン林からの報告』人文書院，90-110頁。

鮫島弘光，藤田素子，A・ムハマッド　2012「土地利用の変化と生物多様性」川井秀一・水野広祐・藤田素子編『熱帯バイオマス社会の再生――インドネシアの泥炭湿地から』京都大学学術出版会，325-352頁。

Ashton, P. S., Givnish, T. J. & Appanah, S. 1988. Staggered flowering in the Dipterocarpaceae: New insights into floral induction and the evolution of mass fruiting in the aseasonal tropics. *American Naturalist* 132: 44-66.

Berkes, F. 1999. *Sacred ecology: Traditional ecological knowledge and resource management*, Philadelphia: Taylor and Francis.

Berry, T. 1988. *The dream of the earth*, San Francisco: Sierra Club Books.

Brosius, J. P. 2007. Prior transcripts, divergent paths: Resistance and acquiescence to logging in Sarawak, East Malaysia. In Sercombe, P. G. & Sellato, B. (ed.), *Beyond the Ggreen Myth: Borneo's hunter-gathers of Borneo in the twenty-first century*, Copenhagen: NIAS Press, pp.289-333.

Brosius, J. P. 1992. *The axiological presence of death: Penan Geng death-names*, Unpublished Doctoral Dissertation, Department of Anthropology, University of

Michigan.

Caldecott, J. 1988. *Hunting and Wildlife Management in Sarawak*, UK: IUCN Publications services.

Caldecott, J. & Caldecott, S. 1985. A horde of pork. *New Scientist* 1469: 32-35.

Chan, H. 2007. *Survival in the rainforest: Change and resilience among the Punan Vuhang of Eastern Sarawak, Malaysia*, Research Series in Anthropology, University of Helsinki.

Curran, L. M. & Leighton, M. 2000. Verterbrate responses to spatiotemporal variation in seed production of mast-fruiting Dipterocarpaceae. *Ecological Monographs* 70: 101-128.

Ellen, R. 2007. Introduction. In Ellen, R. (ed.), *Modern crises and traditional strategies: Local ecological knowledge in island Southeast Asia* (Studies in Environmental Anthropology and Ethnobiology). New York: Berghahn Books.

Giman, B., McShea, W., Stewart, C. & Megom, N. 2007. Conservation of small carnivores in a planted forest-towards a deeper understanding of small carnivore population dynamics in plantation forest. In Stuebing, R., Unggang, J., Ferner, J., Ferner, J., Giman, B. & Ping, K. K. (eds.), Proceedings of the Regional Conference of Biodiversity Conservation in Tropical Planted Forests in Southeast Asia 15-18 January 2007. Forest Department Sarawak Forestry Corporation & Grand Perfect Sdn Bhd.

Hunn, E. 1993. What is Traditional Ecological Knowledge. In Williams, N. & Baines, G. (eds.), *Traditional environmental knowledge: Wisdom for sustainable development*, Camberra: Center for Resource and Environmental Studies, Australian National University, pp.13-15.

Ickes, K. 2001. Hyper-abundance of Native Wild Pigs (*Sus scrofa*) in a Lowland Dipterocarp Rain Forest of Peninsular Malaysia. *Biotropica* 33: 682-690.

Kurniawan, A. 2009. Serangan awal kera ekor panjang (macaca/ ascicularis) pada HTI Acacia mangium di PT. Musihutan Persada Sumatera Selatan. *Tekno Hutan Tanaman* 2: 77-82.

Lee, H. S., Davies, S. J., LaFrankie, J. V., Tan, S., Yamakura, T., Itoh, A., Ohkubo, T. & Ashton, P. S. 2002. Floristic and structural diversity of mixed dipterocarp forest in Lambir Hills National Park, Sarawak, Malaysia. *Journal of Tropical Forest Science* 14: 379-400.

Leighton, M. & Leighton, D. R. 1983. Verterbrate responses to fruiting seasonality whithin a Bornean rain forest. In Sutton, S. L., Whitemore, T. C. & Chadwick, A. C. (eds.), *Tropical rain forest: Ecology and management*, Oxford: Blackwell Scientific Publications, pp. 181-196.

McShea, W. J., Stewart, C., Peterson, L., Erb, P., Stuebing, R. & Giman, B. 2009. The importance of secondary forest blocks for terrestrial mammals within an Acacia/secondary forest matrix in Sarawak, Malaysia. *Biological Conservation* 142: 3108-3119.

Meijaard, E. G., Albar, G., Nardiyono, Y., Rayadin, Y., Ancrenaz, M., & Spehar, S. 2010. Unexpected ecological resilience in bornean orangutans and implications for pulp and paper plantation management. *PLoS one* 5: e12813.

Meijaard, E. & Sheil, D. 2008. The persistence and conservation of Borneo's mammals in lowland rain forests managed for timber: Observations, overviews and opportunities. *Ecological Research* 23: 21-34.

Meijaard, E., Sheil, D., Nasi, R., Augeri, D., Rosenbaum, B., Iskandar, D., Setyawati, T., Lammertink, M., Rachmatika, I., Wong, A., Soehartono, T., Stanley, S. & O'Brien, T. 2005. *Life after logging: Reconciling wildlife conservation and production forestry in Indonesian Borneo*, Jakarta: Center for International Forestry Research.

Nakashima, D. 1998. Eider ecology from Inuit hunters. In Nakashima, D. & Murray, D. (eds.), *The common eider of Eastern Hudson Bay: A survey of nest colonies and Inuit ecological knowledge*, Ottawa: Makivik Corporation, pp.112-169.

Nomura, F., Higashi, S., Ambu, L. & Mohamed, M. 2004. Notes on oil palm plantation use and seassonal spatial relationships of sun bears in Sabah, Malaysia. *Ursus* 15: 227-231.

Pfeffer, P. & Caldecott, J. O. 1986. The bearded pig (*Sus barbatus*) in East Kalimantan and Sarawak. *Journal of the Malaysian Branch of the Royal Asiatic Society* 59: 81-100.

Puri, R. K. 2005. *Deadly dances in the bornean rainforest: Hunting knowledge of the Penan Benalui*, Leiden: KITLV Press.

Rajaratnam, R., Sunquist, M., Rajaratnam, L. & Ambu, L. 2007. Diet and habitat selection of the leopard cat (*Prionailurus bengalensis borneoensis*) in an agricultural landscape in Sabah, Malaysian Borneo. *Journal of Tropical Ecology* 23: 209-217.

Roth, H. L. 1896. *The natives of Sarawak and British North Borneo: Based chiefly on the mss. of the late Hugh Brooke Low*, Sarawak government service, vol.1 The Stone Implement.

Sakai, S. 2002. General flowering in lowland mixed dipterocarp forests of South-east Asia. *Biological Journal of the Linnean Society* 75: 233-247.

Sakai, S., Momose, K., Yumoto, T., Nagamitsu, T., Nagamasu, H., Hamid, A. & Nakasizuka, T. 1999. Plant reproduction phenology over four years including an episode of general flowering in a lowland dipterocarp forest, Sarawak, Malaysia. *American Journal of Botany* 86: 1414-1436.

Samejima, H., Ong, R., Lagan, P. & Kitayama, K. 2012. Camera-trapping rates of mammals and birds in a Bornean tropical rainforest under sustainable forest management. *Forest Ecology and Management* 270: 248-256.

Scott, C. J. 1998. *Seeing like a state: How certain schemes to improve the human condition have failed*, Connecticut: Yale University Press.

Sellato, B. 2002. *Innermost Borneo*, Singapore: Singapore University Press.

Uchibori, M. 2004. Rivers and ridges: Changes in perception of natural environment among the Iban of Sarawak. *Comparative Study on Local Perception of Natural Environment and Landscapes among Peoples of Sarawak*, Report of the Research Conducted in Sarawak with a Grant-in-Aid for Scientific Research, Japan Society for Promotion of Science (2000-2003), pp.1-25.

第5章 科学的林業と地域住民による林業
マレーシア・サバにおける認証林の事例から

内藤大輔

写真　貯木場に積まれた認証材。内藤大輔撮影

5-1　はじめに

「林業」と一言でいっても世界にはさまざまな形態がみられる。日本には京都の北山など古くから林業がさかんな地域があり，小規模な家族経営の伝統的な林業が存在する。その発祥は 14 世紀ごろともいわれ，伝統的な知識や技術が集積されている。他方，オーストラリアやニュージーランドのようにユーカリなど早生樹による広大なプランテーション林業もある。熱帯のタイやインドネシアなどでは，コミュニティ林業としてチークやユーカリなどの植栽を小規模に行っている事例が報告されている（生方 2007）。本書の舞台であるボルネオでは，林業というと企業による大規模商業伐採のイメージが強いだろう。一方で，一般には知られていないが，後に紹介するように，森林地域に暮らしてきた人々による木材伐採や森林産物の採集も行われており，本章ではこれも広い意味での林業と捉えている。

林業は，上のように地域ごとにみられる形態で区分される一方，本章の題にあるように，科学的林業と呼ばれるものもある。科学的林業とは，18 世紀にドイツで発祥したもので，商業的価値の高い有用樹種の蓄積量と成長量を計測し，その結果得られた科学的知見に基づいて，計画的に伐採するというものである（神沼 2012）。その後，この科学的林業が世界各地の林業に取り入れられるようになった。今日の熱帯でみられるいわゆる熱帯林業も，この科学的林業を基礎にイギリス植民地下のインドで発展したとされる（水野 2006）。科学的林業の方法論は，多様な森林環境を政府にとって「読みやすく (legible)[*1]」，管理しやすい状態に改変するツールとして利用されてきた（Scott 1998）。

本章では，東南アジアでも比較的早く大規模な商業伐採が始まったマレーシア，サバ州[*2]において，州政府によって導入された科学的林業と，森林に隣接して暮らしてきた地域住民[*3]による林業を比較することで，科学的林業の導入による地域住民への影響についてみていく。科学的林業に対して，地域住民の林業は本書でいう「先住民の知」による林業と考えてもよいだろう。サバにおける商業伐採の地域住民への影響については，林業・林政を概観する研究，植民地期の林業政策の研究（都築 1999a），ロイヤリティー制度についての研究（立花

2000）など，森林伐採の制度的・経済的な研究のなかで触れられてきたが，その具体的な内容がくわしく検討されたことはない。

本章の舞台となるのは，サバ州キナバタンガン川流域にあり，D 保存林に隣接する W 村である。調査は 2006 ～ 08 年の間に実施し，村人の生業や慣習的な森林利用，木材伐採業へのかかわりについて聞き取りを行った。またサバ州における森林管理の変遷については，サバ林業局（以下，林業局）の年次報告書などの資料も参照した。森林認証制度の導入による影響については，林業局資料や審査資料，会議議事録，地域住民からの聞き取りによって明らかにしている。以下，第 2 節では，村人による慣習的な森林利用についての歴史的な変遷を追っている。第 3 節では，サバでの科学的林業の導入過程と住民による林業を対比し，第 4 節では森林認証制度の導入と住民への影響について検証する。そして，第 5 節では熱帯における科学的林業が地域住民の林業に与える影響について考察をし，まとめている。

5-2 調査地の概要と調査村の人々の森林利用

5-2-1 村の位置

サバ州の面積は約 7.3 万 km^2 あり，マレーシアの全国土面積の 22.3％を占める。サバ州の人口は 312 万人あまりである（Department of Statistics, Malaysia 2010a: 25）。サバ州北東部には州最長のキナバタンガン川が流れ，その長さは 560km に及び，流域面積は 1 万 6800km^2 にわたる。上流域は森林に覆われた高地，山地が多く，下流域には氾濫原が広がり，混交フタバガキ林に覆われていた。また野生生物相がきわめて豊かで，オランウータンやアジアゾウ，テングザルなど多くの哺乳類や鳥類が生息している（Azmi 1996）。しかし，近年の森林開発と大規模なアブラヤシ・プランテーション開発により大きく環境が変化してきている。

調査を行った W 村は，キナバタンガン川中流域に位置する。村へは，まずキナバタンガン郡の郡役所のあるブキット・ガラムを南下する。そして，タワウ方面へ車で 30 分ほど向かったところにある TH 社のアブラヤシ・プランテーション内の作業道を西に 60km ほど進んだところにある。以前は W 村までの

陸路はなかったが，2004年にTH社によってアブラヤシ・プランテーションが開かれ，プランテーション内の作業道がW村の南側まで拡張されたことで，村まで直接車で乗り入れることが可能となった。さらに川の上流に行くには船しか交通手段がなく，W村の隣村は，30馬力のボートで上流に2時間ほど遡ったところにある。

　W村は，その北側がD保存林に面し，村に隣接して1960～80年代まで大規模な伐採キャンプが設営されていた（図5-1）。W村は，オラン・スンガイの人々が暮らす村であり，村人の大部分がイスラームを信仰している。村では，キナバタンガン川に沿って，家屋が建ち並び，村人は頻繁に起きる洪水に対応するため高床式の住居に居住している。W村には小学校，モスク，集会場などがある。現在の主な生業は，籐をはじめとする森林産物採集，焼畑での陸稲や野菜の栽培，漁撈などである。W村に隣接するD保存林のデータによると，このあたりの年間降水量は3000～3500mmの間にあり，サバ州ではもっとも降水量の多い地域のひとつである（Sabah Forestry Department 2005: 7-13)。

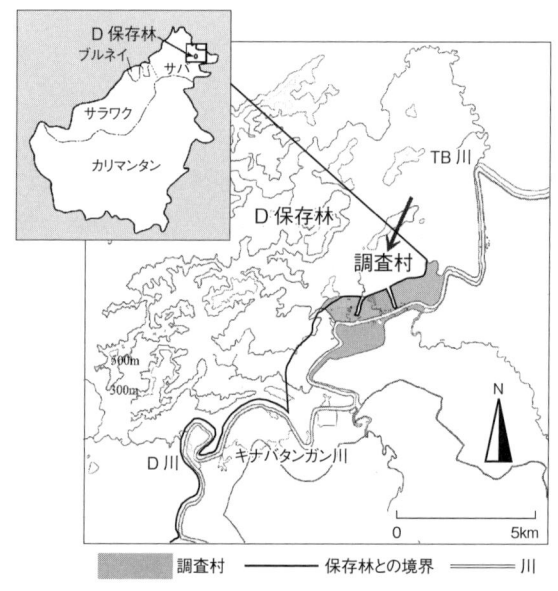

図5-1　調査村と保存林の位置

5-2-2 オラン・スンガイとW村の歴史

　オラン・スンガイは，サバ州の東部サンダカン省を中心に河川周辺に暮らしてきた人々の総称である。調査村であるW村の名前は，村の中心部を流れるW川の名前からとられている。W川の名前は，スンガイ語でワラッドと呼ばれる竹で作られた漁具（梁の一種）の名前に由来している。村人によると，村は少なくともスルー王国のスルタンの統治時代[*5]からあり，そのころにイスラームに帰依したという。W村に古くからある家では，過去少なくとも8代は遡れるというところもあった。

　W村の人々が慣習的に生業を行ってきた領域は，上流，下流の村との取り決めにより，上流はD川まで，下流はTB川までの範囲で暮らしてきた。1920〜40年ごろまでM川の周辺に住んでいたが，疫病が流行したためD川付近に移った。その後，A川に移ったがA川の周辺はあまり豊かな土地ではなかったため，L川周辺に移動した。

　1942年に日本軍はサバ（当時は北ボルネオ）に侵攻し，キナバタンガン郡も占領下に置かれた。W村付近での直接的な戦闘はなかったものの，日本軍による占領期には，W村の人々はL川の奥に潜み，戦争の終結を待ったという。当時は物流が滞り，W村の近くにあるタガイと呼ばれる塩場を掘って，塩を手に入れていた。戦後，村人はキナバタンガン川沿いに戻り，1968年にW川の西側に小学校が設置されてからは，現在の場所に定着した（図5-2）。

5-2-3 村人による森林産物採集

　キナバタンガン川流域は，スルー王国時代から沈香，象牙，サイチョウの嘴やツバメの巣などの森林産物の産地として有名であった。1950年代までW村の人々は，焼畑，狩猟，漁撈そして森林産物採集，とくに樹脂（ダマール）や籐の採集などに従事した。焼畑は数世帯ごとに共同でおもに川沿いの土地に拓かれた。米の収量が落ちてくると，村全体で新たな焼畑地を求めて移動した。家屋は竹やヤシなどの簡素な材料で作られたものが多かった。

　W村の多くの人は，森林産物採集に従事しており，焼畑で陸稲の播種を行った後の農閑期に，現金収入源を求めて3か月に1回ほど，おもにキナバタンガ

第5章　科学的林業と地域住民による林業

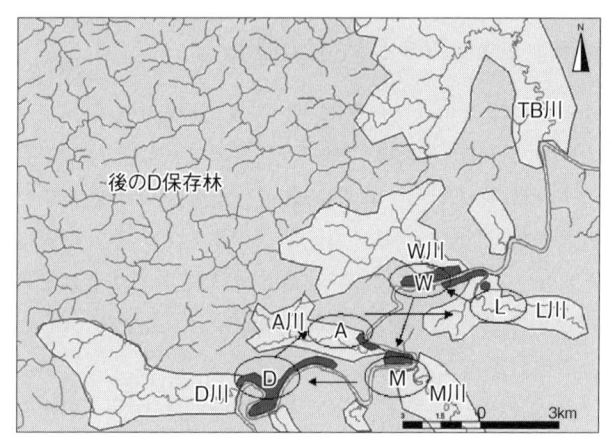

図5-2　W村の変遷図

ン川沿いの支流とその流域で採集活動を行っていた（図5-2）。小舟に乗り，これらの川を遡上し，森林内で2週間～1か月の期間，ダマールを採集した。採集したダマールはM川河口付近にあった華人仲買人の商店などで売却した。

ダマールはスラヤ（*Shorea* sp.），テンカワン（*Shorea* sp.）など数種類があった。ダマール採集木には，保有者がわかるように印がつけられ，それらは相続の対象にもなっていた。その後，ダマール採集木の多くが木材会社によって伐採されたが，村人への賠償はなかった。籐は，ロタン・サガ（*Calamus caesius*）などが集められ，その採集はダマールと異なり，商業伐採期も続けられた。これら森林産物の採集は，村人が慣習的に利用してきたD川からTB川に挟まれた領域で行われていた。

5-3　サバでの科学的林業の導入

5-3-1　科学的林業の導入

サバにおける科学的林業は植民地時代に始まった。イギリス人のデント（Alfred Dent）はブルネイ王国とスルー王国のスルタンから，サバの領有権を取得した。1881年に設立された北ボルネオ勅許会社は，イギリスの保護領と

して1946年[*6]までサバを統治した。1946年からイギリスの直轄植民地となり，1963年にマレーシア連邦に加盟後，サバ州となった（山本 2006: 40）。

　北ボルネオ勅許会社は，明確な所有者のいない土地の公有地化を進めた。そして公有地の立ち木払い下げという形で伐採許可を企業に与え，のちに森林施業を行うための保存林を制定していった。北ボルネオ勅許会社の統治下で土地法と森林法が整備され，それまで曖昧だった土地や森林に関する制度が作られた（都築 1999a, 1999c）。保存林制定の手続きは，1930年土地条例に規定されており，第二次世界大戦後の直轄植民地時代には「1954年森林条例」に，そしてマレーシア連邦加入後は「1968年サバ州森林法」に規定されている。これらの制度に基づき，保存林の制定は，まず保存林の候補地が提案され，それが官報などに公示されて権利確定宣言がなされた。対象地域において慣習的な利用を行っていた場合，先住民は一定期間内に慣習的な土地保有権を請求することが可能であったが[*7]，実際には，先住慣習権（Native Customary Rights）は十分認められないことも多かった（Doolittle 2005, 内藤 2010）[*8]。いずれにせよ，保存林がいったん制定されると，先住慣習権は消失した（都築 1999b）。政府はこうして入会林的に利用されてきた森林の慣習権を無効化し，公有地を増やしていった。

　1885年に北ボルネオ勅許会社のもとで行われた初めての木材輸出はオーストラリア向けのセラヤ材であった（Sabah Forestry Department 1986）。その後は，線路の枕木などとして利用された鉄木の需要が高まり，香港や中国へ向けての輸出が増加した。20世紀に入ると，木材輸出は増加し，戦後の1950年代後半からセラヤ材を主体にした木材生産が拡大し，サバ州最大の輸出品として，日本，アメリカなどへ輸出されるようになった（立花 2000）。サバの森林局（North Borneo Forest Department）[*9]は1914年に設立され，当初は森林産物，木材にかかわる徴税の役割のみを担っていた。森林局の長官には，当初はオーストラリアやアメリカなどで林学を修めた西欧人が就任していた。たとえば，1931～52年まで長官を務めたヘンリー・キースは，カリフォルニア大学で林学を修めている。そして，その後制定された「1954年森林条例」により，森林局に森林管理に関する包括的な権限が付与された（Sabah Forestry Department 1986）。これによって，森林管理において木材の持続的な生産を求めるように

なった。サバにおける伐採法は，マラヤ連邦で導入されていた有用樹種を択伐する伐採法をもとに作られた。具体的には，胸高直径60cm以上のフタバガキ科の樹種を60年周期で択伐し，伐採後にはフタバガキ科の樹種を植林するというものであった。このシステムは多様な樹種で構成される熱帯林をフタバガキ科の樹種中心のより均質な森林へ転換することを目指していた。

しかし，科学的林業の導入とともに，木材利権の政治化も進んでいった。サラワク州と同様（6章参照）に，サバにおいても，木材利権をめぐり伐採会社と政治家やエリートとの間に深い結びつきが築かれていた (Lee 1976)。初期の木材伐採権は，欧米と華人の会社に独占されていた。具体的には，英領ボルネオ木材会社[*10]が，1920～50年代前半まで，北ボルネオ会社統治下の木材伐採権を独占し，第二次世界大戦後から1959年まではボルネオ木材会社に加えた4社が長期の伐採権を保有していた。その間，華人経営の伐採会社の多くは下請けとして伐採を行っていた (Jomo et al. 2004)。1959年からは，伐採権が増やされ，単年度の伐採権や10年間の伐採権が数多く発行された。1946～63年の間に，サバの土地の80％が保存林に指定され，そのうちの50％が商業伐採の対象とされていた (Gudgeon 1981)。その後，サバのマレーシア連邦への加入（1963年）に前後して，サバの先住民の政治・経済的な力が強まっていき，華人にかわり，先住民の政治家エリートによる伐採権の保有が増加していった (Jomo et al. 2004)。そして，1966年に州の公営企業であるサバ財団が85万5000haにもわたる広大な面積の伐採権を取得し，商業伐採の中核を占めるようになった（立花 2000）。サバ財団は州首席大臣が実質的な権限を握っており，政権が変わるたびに，伐採権が乱発されることとなった。サバでは，実質的な科学的林業の運用がなされないままに，短期間に利益を最大化させるような伐採手法が継続された結果，広大な面積の森林が消失することになった (Ross 2001)。

5-3-2　キナバタンガン川での商業伐採の変遷

キナバタンガン川流域において大規模な伐採が始まったのは第二次世界大戦後であった。初期の伐採は，キナバタンガン川河口のサンダカンを中心に，おもに下流域において進められた。キナバタンガン川周辺には，比較的平坦な土地が多かったこと，また当時の木材搬出に川が使われたことから，商業伐採の

中心的な場所になっていった。1950年代に入り，英領ボルネオ木材会社はW村の下流域のスグリウッド・ロカン地域において操業を開始した。この英領ボルネオ木材会社は，植民地期から長期間にわたって伐採権を独占してきた会社であった。

スグリウッド・ロカン地域で伐採が始まったことは上流のW村にもすぐに伝わり，男性の多くが，労働機会を求めてW村から下流の伐採キャンプへ出稼ぎに出るようになった。伐採には鋸や斧を使い，木材の搬出には木馬（kuda-kuda：伐採木を運搬する大きなソリ）や軌道が利用された。村人は，鋸や斧による伐採や，伐採木の搬出，樹木の皮むき，軌道の敷設，木材の材積の計測などの労働に就いていた。当時，伐採労働者は圧倒的に華人が多く，先住民は少数であったという。

1956年にはユナイテッド木材社[11]が年間伐採ライセンスを取得し，W村周辺での商業伐採が始まった。ユナイテッド木材社には1959年から長期伐採権が与えられ，1976年まで伐採が行われた。その間，森林局は1961年にW村の北部約5万haをD保存林として指定した。

W村に隣接して伐採キャンプを開いたのはテッ・ヘン・ロン社で，それに伴い，村人の多くが伐採労働に従事するようになった。当初，村の下流で仕事をしていた人々も，伐採キャンプがW村の近くに開かれると村へ戻ってきた。これらのキャンプにおいても木馬が利用され，その後，軌道集材が行われるようになった。そして，時代を経るにつれ，徐々に伐採作業の機械化が進んだ。たとえば，テッ・ヘン・ロン社は，1965年ごろからチェーンソーやブルドーザーの利用をはじめ，村人もそれらの仕事に従事するようになった。ブルドーザーを使った伐採木の搬出の際には，運転手とホックマン[12]といわれる補助労働者との2人組で作業が行われ，ブルドーザーで搬出道を作り，伐採された丸太を貯木場まで牽引する運搬作業を行った（写真5-1）。

W村では，伐採キャンプでの伐採労働者の他に，木材運搬船の船員として働く村人も多くいた。木材運搬船は，伐採木を伐採キャンプからサンダカンの貯木場まで運搬していた。水位や伐採木の量によっても異なるが，村とサンダカンとを往復すると1〜2週間かかる行程で，月に1〜3回ほど運搬していた。オラン・スンガイの人々は川の地形にくわしく，操船に長けていたこともあり，

写真5-1　村人が運転するブルドーザー

W村でもこの仕事に従事している人が多かった。

　また多くの村人が魚や野菜などを伐採キャンプの労働者に売ることによっても収入を得ていた。これらの収入は，家屋の建設や，船外機や家具，家電の購入，子どもの教育費などに利用された。このように，村での現金収入源は，かつての森林産物採集から大きく変容していった。

5-3-3　村人の「林業」へのかかわり

　伐採企業が州から伐採権を得て大規模な商業伐採を行う一方で，村人も独自に伐採を行うようになった。村の人々はこの伐採様式のことを，川のほとり（*pinggir*）でおもに行っていたことから，ムミンギール（*meminggir*）と呼んでいた。これは伐採許可をとらずに行うインフォーマルな伐採であるが，住民による「林業」といえ，村での重要な現金収入源のひとつであった。このムミンギールも他の森林産物と同様に村の慣習的な森林産物採集の領域内で行われてきた。

　ムミンギールはキナバタンガン川で頻繁に起こる増水を利用して行われた。伐採労働で身につけた伐採の知識と，増水についての知識，操船技術などを組

み合わせた地域特有の木材伐採法である。5～6人がひとつのチームとなり，チェーンソーを使い伐採を行う人，伐採木を搬出する人など役割が決められていた。まず，増水すれば水につかるような支流沿いの平坦な場所で，事前にフタバガキ科などの有用樹を伐採しておく。場合によっては別の場所で切った丸太を木馬で搬出し，貯めておく。支流が増水したときに，あらかじめ伐採しておいた丸太が流されてくるのを河口（キナバタンガン川本流との合流点）付近で船で待ち構える。これらの船は重い木を引っ張れるよう30馬力の船外機を使っていた。そして，流れてくる丸太に船を寄せ，ペグを打ち込み，紐を通し，船で引っ張る。これらは非常に高度な操船技術が求められ，船の損壊などの危険性を伴った作業であった。

　年によって変動はあるが，通常，年2回大きな洪水があるという。時期としては10～12月にかけて伐採作業を行い，30～40本切っておいて，12～1月ごろに起きる洪水のときに木材を搬出し，仲買人に販売する。もうひとつの時期としては，3～6月に伐採作業をし，6～7月ごろの洪水のときに販売する。これに加えて，増水時に冠水している森林に船で入り，水に浸かっている樹木や川沿いの樹木を伐採することもある。伐採対象としては価格が高いフタバガキ科樹木が優先され，ある程度太い直径のものが択伐される。

　仲買人には華人やマレー人のほか，オラン・スンガイもおり，洪水時には村まで来て，伐採木を買いつけていた。通常，伐採木が売れて初めて報酬が得られるため，それまでは伐採チームの長か仲買人に金銭や食料などを前借して，最後に借金を差し引いた額を受け取るという仕組みであった。

　一方，1980年代になると木材資源の減少などから伐採会社がキナバタンガン川上流域へ移り，W村に隣接していた伐採キャンプも閉鎖されたため，村人の伐採労働による現金収入機会が減少した。また伐採キャンプで暮らしていた伐採労働者に魚や野菜を販売することもできなくなった。そのため，W村ではムミンギールの現金収入源としての重要性が高まっていった。

5-4 持続的な森林管理の導入

5-4-1 持続的な森林管理

　D保存林では1960年代から商業伐採が行われてきた。その間，何社もの伐採企業に伐採許可書が発行されてきた。伐採企業は，林業局に求められた伐採ガイドラインを遵守する義務があったものの，短期の伐採期間における利益の最大化が求められたため，過度な伐採が行われてきた。しかし，国際的に熱帯林問題が叫ばれるなか，1980年代後半から林業局は，持続的森林管理への取り組みを進め，その一環として，1989年にドイツ技術協力公社（以下GTZ）の協力のもとマレーシア・ドイツ持続的森林管理プロジェクト[*13]を開始した。D保存林はそのプロジェクトサイトとして選定された。D保存林が選定された理由としては，この保存林が当時，他の企業に伐採ライセンスが付与されておらず，伐採後の二次林であったためである。ドイツ経済協力開発省はプロジェクトへの援助に際して，原生林における伐採を禁じる政策をとっていたため，D保存林のようにかつて伐採活動が行われていた森林が，持続的利用・管理のモデルの候補地として選定されたのである（Mannan et al. 2002）。GTZはサバの他に，半島マレーシアおよびサラワクでも同様のプロジェクトを行っていた（6章参照）。

　このプロジェクトの目的は，保存林において二次林の持続的な森林管理モデルを構築することにあった。プロジェクトの成果に基づいて，林業局は，木材資源量調査，野生動物調査，社会調査を含めた包括的な資源アセスメントを取り入れつつ，1995年から2004年にかけての森林管理計画を作成した。このプロジェクトでは，林業局職員の研究能力強化，森林管理計画の立案，事務所や会議室・職員宿舎などの施設建設，人材育成などが実施された。そしてこれまで用いられていた伐採システムに代わり，林業局とGTZが共同で開発したフタバガキ林の成長シミュレーションモデルに基づいた伐採計画が導入され，年間伐採量は2万m^{3}に規定された。このモデルが森林施業の持続性を示す科学的根拠とされ，非常に重要な意味をもった。

　こうしたモデルの他にも年間1000haのツル切りなどの育林作業や，毎年

200haの植林の実施，低インパクト伐採ガイドラインの遵守に基づいた施業が行われた（Mannan et al. 2002）。その一方で，プロジェクトでは社会面についての調査は十分行われていなかった。D保存林の周辺に位置する2村において短期の社会経済的な調査が実施されたが，その報告書によると，同プロジェクトの一環で行った森林施業は周辺住民の生業や生活にほとんど影響を与えないとされ（Sabah Forestry Department 1991），その後も周辺村を対象とした特別な施策は実施されなかった。

5-4-2　森林認証制度の導入

林業局は，プロジェクトの達成状況を検証するために，D保存林において森林認証の取得を目指すことにした。森林認証制度とは，環境の点からみて適切で，社会的な利益にかない，経済的にも継続可能な森林管理がなされている森林かどうかを一定の基準に照らして独立の第三者機関が評価・認定を行うものである。林業局は認証機関として世界のどのような森林にも適用できる認証制度を実施していた森林管理協議会（以下，FSC）[*14]を選択した。FSCは，1993年に木材企業・環境NGO・先住民団体などによって設立された非政府・非営利組織であり，森林管理のために10の原則と56の規準（以下，FSC原則と規準）を定めている（Forest Stewardship Council 2009）。林業局はFSC認証の取得に際して，審査機関として当時，マレーシアに現地事務所をもっていたエス・ジー・エス（以下，SGS）[*15]社を選択した。

審査にあたってSGSは，FSC原則と規準に，各地域の状況を加味して作られたチェックリスト[*16]を策定する。SGSが選定した審査員がそれに基づいて，環境・社会・経済面の要求事項に照らして森林を実際に訪問し，管理状況を審査・評価する。本審査で重大な是正処置要求（Corrective Action Requests 以下，CAR）がなければ，認証（5年間有効）が与えられ，指摘されたCARの改善状況を確認するため，少なくとも年に1回は維持審査が実施される。本審査や維持審査の際，審査員は森林管理者がFSC原則と規準に違反している場合，CARを指摘する。CARは「重大な是正処置要求（重大なCAR）」と「軽微な是正処置要求（軽微なCAR）」のふたつに分けられる。重大なCARが指摘された場合，一定期間内に対処しないと認証が取り消されることもある。認証を

継続して申請する場合には5年目に，再度本審査が行われる。また軽微なCARであっても，期限を決めて改善が求められ，次回の査察の際でも対処がとられていない場合は，重大なCARとされることもある。

　D保存林のFSC認証取得のための本審査の前には，W村の住民に対するインタビューなども行われたが，その際は，村は保存林から離れており，彼らへの大きな影響はないと結論づけられていた（SGS 1999）。SGSはD保存林において，FSC森林管理認証の第一期本審査*17を1997年6月2～6日に実施した。審査員は4人で，林業の専門家3人，野生動物の専門家1人によって構成されていた。主審査員は，ハワイ大学で森林生態学の博士号を取得した森林コンサルタントが務めており，人文社会科学系の専門家は含まれていなかった。本審査は，施業記録などの文書審査とフィールドでの実地審査，利害関係者への聞き取り審査，報告書の第三者による査読審査により行われた。社会面に関しては，5日間のうち，4日目に2人の審査員がW村を訪れ，村人に対してD保存林の森林施業についての聞き取り審査を行った（SGS 1997）。

　本審査の結果，ひとつの重大なCARと7つの軽微なCARが指摘された。重大なCARは，林業局が契約している伐採業者の監視・管理が不十分という点を指摘していた。そしてその後の再審査の際に，SGSの審査員によって重大なCARの改善が確認され，1997年7月30日にFSC認証が授与された。

　本審査では社会面に関してCARは指摘されず，「村人はD保存林に自給や雇用のために依存しておらず，森林施業による村への影響は小さい」（SGS 1997）とされた。またSGSは，D保存林が1961年に制定され商業林として区分されていたことから，林業局によるD保存林での森林施業の法的な正統性を認めていた。

　一方でSGSは，FSC原則と規準の「原則3」で保障を求めている先住民の慣習的な権利に関しては，「現在のところD保存林では土地をめぐる問題はない」との審査結果を示した。加えて，SGSは，W村の人々の森林利用に関して「少量だが籐や薬用植物が自給用に採集されている」として「観察事項」を指摘した。観察事項は，早急な改善を求めるわけではないが，改善がみられないといずれCARになるというものである。SGSは，林業局に，村人の自給的な森林産物利用についても管理・監視し，採集された材積を把握するため，村

人に対し森林産物採集の際には正式な認可を取得させるよう求めた。これはその後、第二期認証の本審査において CAR として指摘されることとなった。SGS は村人の自給用の採集について、先住民の慣習的な利用として保障するべきものではなく、不当な利用であり取り締まるべきものとして認識していたのである。

　林業局から森林産物採集のために正式な認可を得るには、サンダカンにある林業局の本部に行き書類を提出しなければならない。手続きが煩雑で、時間と費用がかかるだけでなく、採集した森林産物に課税されるなど、村人に負担を強いるものであった。そのため村人はこれまで、森林産物採集の際に林業局から正式な認可を取得することはなかった。

　D 保存林では、1997 年に FSC 認証を取得後、SGS により 2 回の維持審査が行われたが、深刻な CAR を指摘されることはなく、森林施業が続けられていた。ところが第三回維持審査の際（1999 年 3 月 25 〜 27 日）に、SGS は林業局から D 保存林内で大規模な違法伐採が行われたとの報告を受けた。不特定の外部の伐採グループがブルドーザーを使い、D 保存林南端の 3 か所において無許可で伐採したという。SGS は、報告された違法伐採について事実関係を確認し、「違法伐採や侵入を取り締まり、木材資源を保護するための方策が不十分である」として、重大な CAR を指摘した（SGS 1999）。これは森林認証を取り消されかねないほどの事態であった。

　林業局はこの重大な CAR を解消するため、さまざまな施策を行った。まず調査報告書を作成し、この違法伐採が起きた原因として、違法伐採を監視するシステムの欠陥を認めた。次に林業局は、違法伐採が起きた場所と伐採された面積を把握し、伐採木の材積を概算して年間許容伐採量から差し引いた。林業局はブルドーザーを差し押さえ、伐採木を競売にかけた。また伐採された場所での植林も実施した。林業局は、違法伐採取り締まりのための森林保護計画を立案し、D 保存林への違法な侵入の監視、D 保存林境界の表示、境界監視の記録などを 1999 年 4 月から実施した。また林業局はキナバタンガン川沿いにふたつの監視所を設置し（写真 5-2）、常駐する職員を配置し、違法伐採通報のための衛星電話などの通信手段も導入した。

　これらの取り組みの結果、第四回維持審査の際に、違法伐採に関する重大な

第 5 章　科学的林業と地域住民による林業　　179

写真5-2　川沿いの監視所

CARは解消された。ただし違法伐採の取り締まりに関しては、その後の審査でも引き続き注視されることとなった。

5-4-3　森林認証制度導入による村人への影響

　違法伐採はW村の村人ではない外部者によってなされたのだが、林業局による境界管理が厳格化された結果、村人の森林利用も同時に規制を受けることになった。当然、ムミンギールへの監視・取り締まりも厳しくなった。それに対し、村人は自分たちの森林利用を「持続的」だと語っていた。林業局や伐採会社が行うブルドーザーなどの重機を使った伐採に比べて、ムミンギールの方が、環境への影響も少なく、持続的な伐採方法だという。確かに重機を使わないので、土壌への影響は少ない。十分大きいサイズのフタバガキ科の有用樹のみを伐採するため、ある意味で「持続的」ともいえる。しかし、政府に対してその論理を通すことは難しい状況であった。

　またW村を分断するようにD保存林の一部が上流と下流の2か所でキナバタンガン川まで延びている区域があり、その利用をめぐっても問題が起きた。この区域は1961年にD保存林が制定された際に、キナバタンガン川への木材搬出路として確保されたものであった。しかし村人にとっては古くから慣習的

に生業活動を行ってきた領域であり，上流側の区域では6世帯，下流側の区域では3世帯が焼畑や森林利用を続けていた。ところが1999年にSGSから重大なCARを指摘された後，林業局はこの区域も法的にはD保存林の一部であることから，村人の利用を規制するようになった。焼畑や森林利用を禁止し，狩猟に対する監視も強化した。他にも林業局が境界付近の除草作業を行った際に，村人の植栽した籐を誤って伐採してしまうという問題も起きていた。

　先述のように1980年代後半以降，村周辺での商業伐採が減り，伐採労働による現金収入が少なくなったため，村人にとって森林資源の重要性が高まっていた。しかし森林認証制度が導入され，林業局によって森林資源が厳格に囲い込まれたことによって，村人が生業に利用できる領域がさらに縮小することとなった。それに加えて2004年からW村の南側にアブラヤシ・プランテーションが造成された。開園当初は働いていた村人もいたが，プランテーションでの仕事は日給8.6リンギ[*18]と薄給で，重労働であったため，その多くが辞めてしまった。

　調査当時，村では，その他の現金収入源として，鉄木伐採，籐採集，漁撈，くず鉄収集などが行われていた。鉄木伐採は，華人の仲買人の依頼で行われており，伐採後チェーンソーで製材し販売していた。鉄木は村人にとっても家の柱材になくてはならない重要な木であり，大切に商業伐採から守ってきたものだった。しかしその当時は，その鉄木の伐採に手をつけなければいけない経済状況にあった。このほか，村人は伐採キャンプ跡地に埋まっている軌道のレールやトラクターの部品などのくず鉄を掘り起こし，販売していた。くず鉄収集は2004年からさかんになり，村の仲買人は，1kgあたり0.25リンギで買い取りをしていた。彼はそれを車でサンダカンにあるくず鉄工場まで運び0.75リンギで卸していた。この作業は非常に重労働であり，くず鉄収集に従事する人たちは，もし他の現金収入があるのなら，こんな仕事はしないと言っていた。林業局による村人の森林利用への監視が厳しくなってから，村で得られる現金収入源が大幅に減少したため，キナバタンガン川下流域に位置する郡の役所などのあるブキット・ガラムやサンダカンで出稼ぎをしたり，そこへ転出する世帯も増えていった。

5-5　おわりに

　本章では，マレーシア，サバ州における商業伐採と政府による科学的林業に基づいた森林認証制度の導入による地域住民への影響について検討してきた。サバでは，北ボルネオ勅許会社時代から，多様性の高い熱帯林を木材資源の生産の場として囲い込み，伐採権を企業に払い下げてきた。この構造は，独立後のサバにも引き継がれ，第二次世界大戦後の木材需要の増加に合わせて大規模商業伐採が進むこととなった。

　サバ州キナバタンガン川中流域に暮らすW村の人々は慣習的に，現在のD保存林を含む，広い範囲で森林産物採集を行ってきた。しかしD保存林が1961年に制定され，村人が慣習的に利用してきた領域は保存林のなかに囲い込まれた。その後，商業伐採によって村人が利用してきたダマール木などが伐採され，重要な現金収入源を失っていった。ただし，D保存林設定当初は，その境界管理は比較的ゆるやかで，村人は焼畑や森林産物採集を限定的ながらも続けることができたので，問題はそれほど顕在化しないまま推移した。またW村に隣接して伐採キャンプができたことで，多くの村人がそれまでの森林産物採集活動から，伐採や木材運搬船などの賃金労働に従事することになった。加えて野菜や魚を伐採キャンプに販売することで現金収入を得ていた。

　しかし1989年以降，D保存林を林業局が直接管理するようになって，W村周辺での伐採労働が激減した。そして林業局が森林認証を取得した後には，科学的林業の導入の一環として境界管理を強化するなど森林の厳格な管理を行った。このため，焼畑耕作，森林産物採集や狩猟採集など，村人による森林利用は制限されることとなった。当然，村周辺の川沿いで行われる木材伐採ムミンギールも取り締まられた。村人の森林利用を続けるためにはその「持続性」を科学的に証明しなくてはいけない状況であった。これまでずさんな森林伐採を許容してきた林業局が，今度は「持続性」を盾に，村人の森林利用を禁じたのである。今日では，かつての伐採労働やムミンギールに代わる現金収入源の模索が続いているが，村周辺ではなかなか見つからず，出稼ぎまたは都市への移住など村外で働く村人が増えつつある。

森林資源の稀少化により，従来の木材伐採を規制し，環境保護のために森林を囲い込みながら資源管理を継続する事例はタイでもみられる（佐藤 2002）。サバ州における森林認証制度の導入は，結果的に林業局による保存林の囲い込みの強化につながっていった。そして，それは林業局が商業伐採によって稀少化してきた森林資源を厳格に管理するための手段のひとつとして機能したといえるのではないだろうか。

　世界的な環境問題への意識の高まりによって，林業局は森林管理において，本格的に「科学的」林業を導入し，従来までの無秩序な伐採を改め，緻密なモデルを用いて「持続性」を保障するようになった。また稀少な動植物などの生物多様性保全も，単に保護区を設置するだけでなく，詳細な生態調査などを実施し，定期的なモニタリング手法を導入している。そしてこれまで「読みにくかった」地域住民の森林利用の管理も行っている。これらは，林業局の権限拡大をもたらし，資源管理の正統性を得ることにつながっていた。

　本来「持続性」という言葉には，先住民の権利保障や地域社会への利益還元などの社会的な持続性も含まれている。しかし，サバの事例ではそれが十分組み込まれていなかった。森林認証制度の導入によって森林産物採集が妨げられ，現金収入源が減ったという村人の潜在的な不満は，森林管理者と住民との間に森林資源の利用をめぐる対立を引き起こす。森林認証制度の導入に際しては，本章の事例のように森林認証の取得主体が国である場合，囲い込みを強める結果となってしまう可能性が高い。森林に隣接して暮らす人々は，森林産物採集や伐採など林業関連の労働からの収入を生活の糧としていることが多い。彼らがその地で暮らし続けていくために必要な森林利用を保障することではじめて「持続的」といえるのではないだろうか。

謝辞
本章の内容は，松下国際財団アジアスカラシップ，総合地球環境学研究所（D-01, D-04），地球環境研究総合推進費（F-071, E-1101），日本学術振興会科学研究費補助金（基盤 S22221010，特別研究員奨励費，研究スタート支援 23810020，若手 B24710299），組織的な若手研究者等海外派遣プログラムによる研究成果の一部である。調査に協力いただいた W 村，サバ林業局，NGO の方々に感謝の意を表したい。研究にあたっては田中耕司教授，阿部健一教授，河野泰之教授，石川登教授，竹田晋也准教授，柳澤雅之准教

授，生方史数准教授をはじめとする教員や研究員の方々に丁寧なご指導をいただいた。ここに記して深謝したい。

注

* 1　スコット（Scott 1998）は，「読みやすさ（legibility）」という概念を示し，ドイツ林業の例をあげつつ，自然や社会がもっている複雑さを，画一的に管理しようとする傾向やその過程を説明している。
* 2　ボルネオ北東部は，1881年より北ボルネオ，1963年以降はサバ州と呼ばれるようになった。本章では北ボルネオ，サバ州ともにサバと総称している。
* 3　本章では，総称として，地域住民という用語を利用しているが，村人，人々とも表記している。
* 4　英語では forest reserve，マレー語で *hutan simpan*。保存林にはさまざまな利用形態があり，D保存林は商業伐採を行うための森林として区画されている。
* 5　スルー王国は17世紀に台頭し，ボルネオ島でのブルネイに対する内乱（1662〜74年）が起きた際にその制圧を支援したことから，ボルネオ島北東部がスルー王国のスルタンに割譲された（山本 2006: 39）。
* 6　ただし1941〜45年は日本占領期であった。
* 7　サバでは，先住民とは英語でネイティブ native，マレー語ではアナク・ヌグリ（*anak negeri*）と総称されている。
* 8　村人が公示を知らず，伐採企業が入ってきて初めて保存林に制定されたことを知るという事態も頻繁に起きていた。また土地税を払えないという経済的な理由により慣習的な土地保有権の請求をあきらめる先住民もいた。
* 9　英領北ボルネオ時代は，森林を管理する政府の部局は森林局（Forest Department）とされ，1963年の独立以降，林業局（Forestry Department）となる。
* 10　英語の名称は British Borneo Timber Company。
* 11　ユナイテッド木材（United Timbers）社は，サンダカンの華人木材業者であったクー・シェク・チュウの会社で，テッ・ヘン・ロン社，ライ・ホッ・キム社，チン・ピン・セン社の3社によって構成されていた（山本 2006）。
* 12　ホックマンは，伐採木ワイヤーの先にある鉄製の鍵状になったホックを伐採された木に引っかける作業を行った。
* 13　英語での正式名称は Malaysian German Sustainable Forest Management Project。
* 14　英語の正式名称は Forest Stewardship Council。1993年にカナダ・トロントで設立され，本部は当初メキシコ・オアハカに，現在はドイツ・ボンに置かれている。FSCについての研究は，梶原（2000），梶原・淡田（2004）にくわしい。またサバ州のFSC認証林の事例については，拙稿（2010）に詳述している。

* 15　SGS (Société Générale de Surveillance) は，スイスに本部をもつ監査，審査，試験などを実施する審査機関で，1994 年から FSC に認定されている森林認証の審査・評価プログラムである SGS QUALIFOR を実施している (SGS 2007)。
* 16　FSC 原則と規準は，世界中で適用できるよう設定されているため，D 保存林では，FSC の地域基準策定の規定に従い，利害関係者との協議を実施し，地域基準が策定された。
* 17　森林認証にはおもに森林管理を対象とする認証である森林管理認証と加工流通過程の管理にかかわる認証である CoC (Chain of Custody) 認証がある。D 保存林は CoC 認証も取得している。
* 18　通貨の表記に関しては，リンギ (Ringgit Malaysia) と表記した。調査当時の 1 リンギは約 30 円であった。

参考文献

生方史数　2007「プランテーションと農家林業の狭間で——タイにおけるパルプ産業のジレンマ」『アジア研究』53 (2)：60-75 頁。
梶原晃　2000「FSC 森林認証制度」『國民經濟雜誌』181 (2)：73-89 頁。
梶原晃・淡田和宏　2004「FSC 森林認証制度の技術的分析」『経済経営研究年報』50：179-242 頁。
神沼公三郎　2012「ドイツ林業の発展過程と森林保続思想の変遷」『林業経済研究』58 (1)：3-13 頁。
佐藤仁　2002『稀少資源のポリティクス』東京大学出版会。
立花敏　2000「東南アジアの木材産出地域における森林開発と木材輸出規制政策」『地域政策研究』3 (1)：49-71 頁。
都築一子　1999a「北ボルネオ勅許会社統治時代の林業史 (1881〜1946 年)」『林業経済』614：27-36 頁。
都築一子　1999b「マレーシア・サバ州における開発政策と熱帯林減少の関係——第二次大戦後からの商業伐採・農地転換による熱帯林減少のメカニズム」『現代社会文化研究』14 (3)：239-280 頁。
都築一子　1999c「マレイシア・サバ州における植民地時代の土地制度」『国際協力研究』15 (1)：61-69 頁。
内藤大輔　2010「FSC 森林認証制度の運用における先住民への影響——マレーシア・サバ州 FSC 認証林の審査結果の分析から」『林業経済研究』56 (2)：13-22 頁。
水野祥子　2006『イギリス帝国からみる環境史——インド支配と森林保護』岩波書店。
山本博之　2006『脱植民地社会とナショナリズム』東京大学出版会。
Azmi, R. 1996. Protected Areas and Rural Communities in the Lower Kinabatangan region of Sabah. *Sabah Society Journal* 13: 1-32.

Department of Statistics, Malaysia 2010a. *Preliminary count report*, Putrajaya, Malaysia.

Department of Statistics, Malaysia 2010b, *Population distribution by local authority areas and Mukims, 2010*, Putrajaya, Malaysia

Doolittle, A. 2005. *Property & politics in Sabah Malaysia native struggles over land rights*, University of Washington Press, USA.

Forest Stewardship Council 2009. FSC Principles and criteria for forest stewardship, FSC-STD-01-001 (version 4-0) EN (http://www.fsc.org)

Gudgeon, P. A. 1981. Economic development in Sabah, 1881-1981. In Sullivan, A. & Leong, C. (eds.), *Commemmorative history of Sabah, 1881-1981*, Kota Kinabalu: Sabah State Government, Malaysia.

Jomo K. S., Chang, Y. T. & Khoo, K. J. 2004. *Deforesting Malaysia: The political economy and social ecology of agricultural expansion and commercial logging*, London, United Kingdom: Zed Books.

Lee, E. 1976. *The towkays of Sabah: Chainese leadership and indigenous challenge in the last phase of british rule*, Singapore University Press, Singapore.

Mannan, S., Awang, Y., Radin, A., Abai, A. & Lagan, P. 2002. The Sabah forestry department experience from deramakot forest reserve: Five years of practical experience in certified sustainabe forest management. Paper presented at the seminar on practising sustainable forest management lessons learned and future challenges. 20-22 August, at Shangri-La Tanjung Aru Resort Kota Kinabalu Sabah, Malaysia.

Ross, M. L. 2001. *Timber booms and institutional breakdown in Southeast Asia*, Cambridge: Cambridge University Press, UK.

Sabah Forestry Department 1986. Brief history of forest department in Sabah, Malaysia.

Sabah Forestry Department 1991. The social and economic conditions of - two deramakot forest reserve - fringed villages, Malaysia.

Sabah Forestry Department 2005. Forest management plan 2 deramakot forest reserve FMU19, Sandakan, Malaysia.

Scott, C. J. 1998. *Seeing like a state: How certain schemes to improve the human condition have failed*, Yale University Press, USA.

SGS 1997. *Forest management certification report 1997*, UK: SGS.

SGS 1999. *Forest management certification report 1999*, UK: SGS.

SGS 2007. About us. (http://www.SGS.com/about_SGS/in_brief.htm)

第6章 サラワクの森林開発をめぐる利権構造

森下明子

写真　サラワク州ビントゥル県のアカシア植林予定地。
写真奥はアブラヤシ栽培予定地。2007年8月，祖田亮次撮影

6-1 はじめに

　サラワク州はボルネオ島の北西部に位置し，熱帯雨林が広がる森林資源の豊富な地域である。ここでは1970年代後半から木材ブームが始まり，大規模な森林伐採が行われてきた。また1990年代半ばからは，国際需要の高まりを受けてアブラヤシ・プランテーション開発が拡大し，商業伐採に加えてサラワクの新たな重要産業となった。第4，5章でみるように，こうした森林開発は，サラワクの内陸部に暮らす人々の生活や生態環境にさまざまな変化をもたらし，本書の主題であるボルネオの「里」の知をめぐる諸相にも大きな影響を与えてきた。

　サラワクでは長らく森林保全よりも森林開発が重視され，生態環境や地元住民への配慮は二の次にされてきた。サラワクの年間の木材生産量は，1970年代に国連食糧農業機関（FAO）が設定した持続可能な木材生産量をはるかに上回り，また，州政府が企業に交付した事業権区域にはしばしば地元住民の慣習地が含まれ，伐採の進展とともに住民たちの生活空間が侵食された。こうしたなか，1980年代半ば以降，先住民による伐採反対運動が国際的な注目を集めるようになり，サラワクの森林開発は先進国から非難されるようになった。サラワク州政府は，国際的イメージの改善のため，さまざまな森林保全政策を実施するようになったが，その一方で，依然として大規模な森林開発を続けている。

　サラワク州政府が国際的批判を受けてもなお大規模な森林開発を続ける背景には，州政権を担う政治指導者たちが，事業権の分配を通して自らの権力基盤を維持・拡大してきたことが深く関係している。サラワクの政治指導者たちにとって，森林は単なる経済発展のための資源ではなく，州政権を維持するための重要な政治的資源でもある。ではその森林開発をめぐる利権構造とは，いったいどのようなものなのか。

　本章では，まず第2節から第5節において，サラワクの森林資源が利権化し，州の政治指導者たちが森林利権の分配を通して，権力基盤の維持・拡大を図ってきた歴史的過程をみていきたい。そして第6節から第8節において，今日で

は植林とアブラヤシ・プランテーション開発が新たな利権となり，森林開発をめぐるこれまでの利権構造が拡大・強化されたことを示す。また，そうした森林開発の進展が先住民の知にもたらした影響についても取り上げたい。

6-2　植民地時代における森林管理制度の成立——1948〜63年

19世紀半ばまで，サラワクはブルネイ王国の支配下にあった。しかし，19世紀前半に住民反乱が起き，これを鎮めたイギリス人ジェームズ・ブルックが褒賞としてサラワクを割譲させ，自らが王（ラジャ）となってサラワク王国を建国した。以後，サラワクは1841年から1941年までブルック家の統治下におかれた。

サラワクの森林は沿岸部の泥炭地とマングローブ林，そして内陸部の丘陵地に広がっていたが，ブルック時代のサラワクでは木材の商業的需要は低かった。とくに内陸部では，当時の技術では地形的に木材の伐採・搬送が困難であり，今日のような大規模な商業伐採はみられなかった。1938年，イギリスのボルネオ会社は内陸部での木材生産を試み，木材搬出のためにシャム（当時のタイ）から象を2頭連れてきたが，そのうちの1頭が渓谷に滑り落ちたため事業はすぐに頓挫した（Ross 2001, Phoa 2003）。

19世紀から20世紀前半にかけて，イギリス帝国では英領インドを中心に森林保護政策が進められ，サラワク王国でも森林保護のための法整備が進められた。イギリス帝国における森林保護の目的は，森林資源の持続的産出と環境保全であり，その背景には土壌侵食や洪水氾濫，水源の枯渇，乾燥化といった当時の環境問題への危機意識があった（水野 2006）。

1919年，ブルックは森林規則（Forest Rules）を制定し，サラワクに初めて木材伐採に関する規制を導入した。また同年，森林の管理と保全を担う森林局を設置し，同局の長である森林管理官に木材伐採に関するライセンスの交付権限や森林管理に関する各種権限を与えた。さらに1920年には森林保全令（Forest Reservation Order）を制定し，木材とその他の林産物の永続的供給を目的とする「保存林（forest reserve）」を設定した。同法の下で，保存林での木材伐採と焼畑には許可が必要となり，住民たちは保存林内で木材や天然資源を採取す

ることを禁止された。またブルック政府は，土壌や水資源の保全を主な目的とする「保護林（protected forest）」や，地元住民が利用するための「コミュニティ林（communal forest）」も森林区分に導入した。1930年代末，サラワクの保存林と保護林の面積は，サラワクの森林面積全体の5.5％を占めた（Smythies 1963, Phoa 2003）。

ブルックによるサラワク統治は1941年の日本軍占領によって事実上終焉を迎え，第二次大戦後は，サラワクはイギリスの直轄植民地となった。英領時代のサラワクでは商業伐採が推進され，とくに沿岸部泥炭地においてラミン材の生産がさかんになった。ラミン材を含むサラワクの木材輸出量は1947年には5790トンだったが，1949年には3万9128トンにまで上昇した。ラミン材輸出はさらに1950年代から1960年代初めにかけて増加し，サラワクの木材輸出全体の5割以上を占めるようになった（Ross 2001, Phoa 2003）。

植民地政府は商業伐採を奨励する一方，環境保全と住民の生活のための森林資源の永続的確保を目指し，持続可能な木材伐採と適切な森林管理にも取り組んだ。1953年に新たな森林法（Forest Ordinance）が制定され，サラワクの森林は永久林（保存林，保護林，コミュニティ林を含む）と州有林に大別された。また同法では，森林管理官の政治的独立性や，伐採規則の導入，ラミン原木の輸出税の大幅引き上げなどが定められた[*1]。森林管理官の政治的独立性は強く，たとえば1961年に州評議会のジョン・メダ議員が原住民にも伐採ライセンスを発行するように求めたが，森林管理官は，ライセンスは十分な資本や適切な森林伐採の知識，経験を備えた企業にのみ交付すると述べ，メダ議員の要求を退けた（Ross 2001, Phoa 2003）。

1940年代末，サラワクの林業は沿岸部でラミン材が生産される一方，伐採の機械化によって内陸部でもチェーンソーやトラクターなどを用いた商業伐採が行われるようになった。森林局は15～20件の伐採ライセンスを発行し，その多くはイギリス資本のボルネオ会社やボルネオ木材会社といった外国企業と一部の地元華人企業に交付された[*2]。森林伐採はときとしてコミュニティ林にも及び，企業は村長に酒や金銭をふるまって，その見返りとして本来は違法なコミュニティ林での伐採を村長の同意の下で行った。また製材業においては地元の華人が中心となった。1962年にサラワクで操業していた78軒の製材所のう

ち，74軒が華人の所有であった（Phoa 2003）。こうした華人業者の一部が，マレーシア編成後は懇意の与党政治家から森林利権の分配を受け，大手林産企業に成長していった。

6-3　森林資源の利権化と利権をめぐる闘争——1963～70年

1963年，サラワクはイギリスから独立し，マラヤ連邦，サバ，シンガポールと統合したマレーシア連邦に参加した。多民族社会のサラワクでは，沿岸部にはマレー人やムラナウ人，内陸部にはイバン人やビダユ人などの先住民，都市部には華人がおもに暮らし，それぞれの民族が政党を結成した。2011年の人口センサスによると，州人口に占める各民族の割合は，イバン人30.2％，華人25.7％，マレー人23.8％，ビダユ人8.1％，ムラナウ人5.6％である（Department of Statistics Malaysia 2011）。しかし，どの民族政党も単独では議会過半数を取れないため，州政権は独立から今日まで政党連合によって運営されている。

1960年代半ば，サラワクの林業は沿岸部のラミン材生産が下火となり，内陸部の商業伐採も停滞していた。すでに述べたように，内陸部の森林伐採は機械化したといえども丘陵地での大規模な伐採や搬送にはまだまだコストがかかり，また，1970年代初めまで共産ゲリラが内陸部を活動拠点にしていたため，伐採業者は内陸部で伐採作業をするにあたってゲリラにみかじめ料を支払わなければならなかった（Ross 2001）。

こうした地理的・政治的理由から，当時のサラワクでは木材産業の発展が遅れていた。しかしサラワクの政治エリートたちは，1960年代から隣州サバで木材ブームが始まったのをみて，いずれサラワクにも木材ブームが来ると予見した（Ross 2001）。以下にみるように，独立後に州政権を担った政治家たちは，植民地時代の森林管理制度を解体し，伐採許可の交付権限を利権化した。そして，州政府の行政権限とそれに連なる利権をめぐって激しく争うようになった。

1963年，サラワクで独立後初の議会選挙が実施され，その結果，4党からなる政党連合，サラワク連盟が，州議会36議席中23議席を獲得して州政権を担うことになった。サラワク連盟は異なる民族を支持基盤とする政党の集まりであり，イバン人中心のサラワク国民党（SNAP）とサラワク・ペサカ党（Pesaka），

マレー人やムラナウ人などムスリム中心のサラワク人民戦線（Barjasa），華人中心のサラワク華人協会（SCA）から構成されていた。また，選挙前にはマレー人中心のサラワク国家党（PANAS）もサラワク連盟に加盟していたが，選挙直前に議席割当をめぐる不満から連盟を脱退し，選挙後に再び連盟に加入した（田村 1988, Leigh 1974）。

　州政府の長である州首席大臣にはイバン系のサラワク国民党からステファン・カロン・ニンカン総裁が就任し，州政権の舵を握った。[*3]しかし，異なる民族の利益代表からなるサラワク連盟はまとまりに欠け，また，同じ民族を支持基盤とする政党でも党指導者どうしがライバル関係にあったことから，発足した州政権は，政策形成過程で少しでも民族間バランスを崩すと，すぐに政権の危機につながる脆さがあった。

　ニンカン州政権は森林利権の重要性を認識し，1964年に州法第68号（Sarawak Law No.68, 1964）を制定して，それまでのサラワクの森林管理制度を解体した。同法により，森林管理官のもつ伐採許可の交付権限など森林管理に関する種々の権限は，森林管理を所轄する省の大臣に移譲された（Ross 2001）。当時，森林管理を管轄していた州天然資源省の大臣には，サラワク華人協会のテオ・クイセンが任命された。また，1965年には州農業・林業省が新設され，同省に森林管理の所轄が移された。そして同省の大臣にもテオが任命された。テオ大臣は地元業者に伐採許可を交付し，その見返りとして献金を受け取り政党の活動資金を調達した。[*4]テオの大臣就任の背景には，1963年の選挙でサラワク連盟が華人票を集められなかったことから，華人のテオを要職に就けることで，州政権に対する華人の支持を集めようとしたと考えられる。

　またニンカン首席大臣は，1965年に土地法の修正を提案し，華人が先住民の土地を購入できるようにしようとした。当時の華人は土地所有に制限が設けられており，深刻な土地不足に陥っていたことから，さらなる耕作地を確保するために土地法の改正を強く求めていた。ニンカン首席大臣はそうした華人の要求に応えることで，華人から支持を獲得しようとした。また，土地法の修正には，華人に未開地を耕作させて土地開発を促進するという目的や，先住民に土地を売った売却金を運用させて移動耕作から定住耕作に転換させ，先住民の生活の向上を図るという目的もあった（Milne and Ratnam 1974, 田村 1988）。

しかし，この土地法修正案に対して，与党連合内のマレー・ムラナウ系政党であるサラワク人民戦線とサラワク国家党は反対を表明した。イバン人をはじめとする先住民が土地の売却金を利用して土地開発に成功し，社会・経済的影響力をもつようになることを恐れたためである。またイバン系のペサカ党も，日ごろからライバル関係にあるサラワク国民党とその総裁であるニンカン首席大臣を追い落とそうと反対派に加勢し，3党は合同でニンカン首席大臣の辞任を要求した。これを受けて，ニンカン首席大臣はすぐに修正案を撤回し，辞任の危機を免れた。しかし，これを契機に与党連合内におけるニンカン首席大臣の地位は揺らいでいった。1966年，マレー・ムラナウ系の2党は再びニンカン首席大臣の辞任を求める請願書を提出し，これを連邦政府が認めたため，ニンカン首席大臣は議会での不信任案の可決なしに強引に首席大臣を解任された[*5]。

　新たな首席大臣にはイバン系政党のペサカ党からタウィ・スリが選ばれた。しかし，州政権の実質的な主導権はマレー・ムラナウ系のサラワク人民戦線が握った（田村 1988）。タウィ・スリ新政権の下では，新たに州開発・林業省が創設され，森林管理の各種権限は同省に移された。同省の大臣には，サラワク人民戦線の若手幹部であったアブドゥル・タイブ・マフムドが任命された。当時30歳だったタイブ大臣は，タウィ・スリに代わって臨時首席大臣を務めることもあり，すでにその若さで州政府の実権を握っていた[*6]。タイブ大臣はこの15年後，1981年に首席大臣に就任する。

　しかし，タイブ大臣が森林利権を独占できたのはわずか一年足らずであった。1967年の閣議決定によって，州開発・林業大臣がもつ伐採許可の交付権限が取り消され，伐採許可の交付には全閣僚の許可が必要になった。この背景には，1966年にサラワク人民戦線とサラワク国家党が合併してブミプトラ党を結成し，与党連合の一大マレー・ムラナウ系政党となったことが関係している。タウィ・スリ首席大臣をはじめとするペサカ党のイバン人閣僚たちは，州政府においてブミプトラ党と同党の幹事長であるタイブ大臣の影響力がこれ以上拡大することを恐れた。ペサカ党は，タイブ大臣から伐採許可の交付権限を取り上げただけでなく，1967年末にはタイブ大臣を辞任に追い込んだ（Ross 2001）。州政府を去ったタイブは，連邦政府の商工副大臣に就任する。

　新たな州開発・林業大臣にはペサカ党のタジャン・ラインが就任したが，ペ

サカ党が完全に森林利権を掌握することはできなかった。タイプが大臣辞任の条件として，伐採許可の交付を一時凍結させ，新大臣が森林利権に手を出せないようにしたためである。[*7] タジャン新大臣は，それでもペサカ党に大規模な伐採許可を交付したが，すぐに連邦政府から非難を受けた。連邦政府の主導権を握る統一マレー国民組織（UMNO）は，サラワクでも連邦と同じくマレー系政党が州政権を主導することを望み，イバン系のペサカ党が森林利権の分配を通して伐採業者から政党資金を調達し，さらに勢力を伸ばすことを警戒していた（Ross 2001）。

1969 年，マレーシア半島部で民族暴動が起き，[*8] 連邦政府はサラワクを含むマレーシア全土に非常事態宣言を発令した。各州は州運営評議会の下におかれ，サラワクでは同評議会の議長にマレー人官僚のトゥン・ラザクが任命された。タウィ・スリ首席大臣とペサカ党は州運営の蚊帳の外におかれ，さらにトゥン・ラザク議長が伐採許可の交付凍結を徹底したため，政治資金の調達源であった森林利権の分配権も完全に失った（Ross 2001）。こうしてサラワクの権力と利権をめぐる争いは，1970 年に州議会選挙が行われるまで，膠着状態に陥った。

以上にみるように，独立後のサラワクでは 1963 年から 1969 年にかけて，州政府の行政権限とそれに連なる利権をめぐって与党政治家たちが激しく争い，そうしたなかで，伐採許可の交付権限をもつ大臣はわずか 4 年の間に 3 人も交代した。大臣ポストは，サラワク華人協会からマレー・ムラナウ系のサラワク人民戦線の手に渡り，さらにイバン系のペサカ党に移った。大臣ポストを得た政党は，伐採許可を交付した見返りに伐採業者から献金を受け取り，政党の活動資金を調達した。また伐採許可を自党に交付し，実際の伐採を業者に下請けさせる場合もあった。こうしたなか，資金力のある伐採業者の一部は，不安定な政権のもとで特定の政党を支持するよりも複数の政党に資金を提供することを選び，どの政党の大臣の下でも伐採許可を獲得して事業を拡大していった。[*9]

6-4　ラフマン・ヤコブ首席大臣による森林利権の独占
　　　──1970〜81 年

1970 年選挙の後，サラワクの政治状況はようやく安定した。選挙の結果そ

のものは，与野党の議席数が拮抗するものであったが，選挙後に野党のひとつが与党連合に鞍替えしたため，与党連合は州議会の圧倒的多数を確保することができた（田村 1988）。首席大臣には，州議会でもっとも議席を獲得した第一与党のブミプトラ党から，アブドゥル・ラフマン・ヤコブが選ばれた[*10]。

1970年代に入ってもサラワクの林業は停滞していた。内陸部では共産ゲリラが活動し，また世界の木材市場は，石油ショック後の世界不況とフィリピンやサバ，インドネシアでの木材の供給過剰によって落ち込んでいた（Ross 2001）。しかし，ラフマン・ヤコブ首席大臣は，いずれは林業がサラワクの重要な産業になると考え，森林利権の独占を図った。ラフマン・ヤコブ首席大臣は，それまでの首席大臣とは異なり，森林利権をもつ大臣ポストを与党連合内の別の党に分配するのではなく，自らが州林業大臣を兼任し，伐採許可の交付権限を利用して，与党連合の各党に森林利権の分配を行った。ロス（Ross 2001）によると，当時与党連合に所属していた全議員が伐採許可の保有者であるか伐採許可をもつ地元企業の株主であったという。

またラフマン・ヤコブ首席大臣は，州林業大臣の兼任だけでなく，州林業省の組織改編によって，よりいっそうの森林利権の独占を図った。1971年，ラフマン・ヤコブ首席大臣はサラワク基金を設立し，同基金に8万1000haの伐採許可を交付した。サラワク基金の議長には，ラフマン・ヤコブ首席大臣自らが就任し，また，林産企業から徴税した木材税基金の運営を同基金に委託した。また1973年には，サラワク木材産業開発評議会（STIDC）を設立し，同評議会議長にも首席大臣自らが就任した。このサラワク木材産業開発評議会にも大規模な伐採許可が交付されている（Ross 2001）。

さらにラフマン・ヤコブ首席大臣は，伐採許可の交付をより自由裁量の下で行えるようにするため，1979年に森林法を改正した。それまでの森林法の下では，林業大臣は伐採許可の交付と取り消しの権限をもっていたが，申請者側が大臣決定に不服がある場合は森林管理官に訴える権利が認められていた。これに対し，1979年の改正法では大臣決定が最終決定であると定められ，伐採許可の申請者が大臣決定に対して不服を申し立てる権利ははく奪された（Ross 2001）。

またラフマン・ヤコブ政権下では，先住民の土地利用をめぐる法規制が厳し

くなった。ラフマン・ヤコブ首席大臣は，内陸部で活動を行う共産ゲリラの他にも，先住民による焼畑耕作の拡大がサラワク林業の発展の障壁になっていると考え，1974年に土地法を改正し，州政府が先住民の土地に関する訴えを棄却できるようにした。さらに1979年には再び土地法と森林法を改正し，伐採区域において耕作や薪材の収穫，不法侵入などが発見された場合，州政府が違反者に対して逮捕や退去命令，処罰を行えるようにした[*11]。

　こうした州政府による土地利用の規制は先住民の不満を招いたが，先住民の利益代表であるイバン系政党の幹部や議員たちは，ラフマン・ヤコブ首席大臣から森林利権の分配を受けて懐柔されていた。またイバン系野党のサラワク国民党は，党の中心指導者であるジェームズ・ウォンが1974年にブルネイ政府から政治献金を受け取った疑いで逮捕投獄されたため，党勢を削がれていた[*12]。もはやサラワク政界において，ラフマン・ヤコブ首席大臣の権力乱用を非難する者はほぼいなくなっていた。

　こうしてラフマン・ヤコブ首席大臣は，木材伐採に関するあらゆる権限を自身に集中させ，伐採許可の分配を通して自らを頂点とする州政財界のパトロン・クライアント関係を構築した。また，自らの親戚縁者にも伐採許可を分配し，一族の富を蓄積した[*13]。ラフマン・ヤコブ首席大臣が癒着業者や親戚縁者に交付した伐採許可の規模は，合計で約125万haに上ったといわれる（Leigh 1998, Hazis 2012）。

　1970年代半ば，ようやく内陸部の共産ゲリラが一掃され，また，これまで木材ブームで潤っていたサバ，フィリピン，インドネシアの木材生産が低下したことから，サラワクにもようやく木材ブームが到来した。サラワクの伐採業者はラフマン・ヤコブ首席大臣の厚意を得るためにさまざまな働きかけを行い，伐採許可を取得しようとした。たとえば，今ではサラワクを代表する大手林産企業となったリンブナン・ヒジャウ・グループの場合，ティオン・ヒュウキン会長が1970年代初めに共産主義者の疑いで逮捕されたことから，釈放後は，ラフマン・ヤコブ首席大臣の信用を得るため，ティオン会長は首席大臣を台湾旅行に招待し，ゴルフ場で首席大臣の傘持ちを務めるほどであった（Brown 1999）。

6-5 タイブ首席大臣とラフマン・ヤコブ前首席大臣による権力闘争——1981～91年

　1981年，ラフマン・ヤコブ首席大臣は健康不安から，甥のタイブ・マフムドに首席大臣ポストを譲り，自らは州元首に就くことを発表した。しかし，ラフマン・ヤコブ前首席大臣は土地開発や政府契約，森林開発などの政府利権を手放す気はなく，タイブ新政権の最初の10年間は，タイブ首席大臣とラフマン・ヤコブ前首席大臣の利権争いが続いた。そうしたなか，タイブ首席大臣は伐採許可の交付権限を行使し，自らのパトロン・クライアント関係を築いていく。
　就任当初のタイブ首席大臣は，叔父であるラフマン・ヤコブ前首席大臣と友好的な関係を保ち，州林業大臣にはラフマン・ヤコブ前首席大臣と親しいハジ・ノール・タヒル州議会議員を任命した。しかし，タイブ首席大臣とラフマン・ヤコブ前首席大臣は次第に森林利権の分配をめぐって対立するようになり，タイブ首席大臣は1985年に州林業省を廃止し，同省がもっていた伐採許可の交付権限を，タイブ首席大臣自らが大臣を務める州資源計画省に移譲した。しかし，この時点ではタイブ首席大臣はラフマン・ヤコブ前首席大臣が交付した伐採許可を取り消すようなことはしなかった（Ross 2001）。
　1987年，ラフマン・ヤコブ前首席大臣は新党サラワク・マレーシア人民統一党（PERMAS）を結成し，タイブ首席大臣が率いる与党連合の切り崩しを図った。ラフマン・ヤコブ前首席大臣の政治的影響力は強く，1987年3月に州議会議員27人が突如ラフマン・ヤコブ前首席大臣への支持を表明し，タイブ首席大臣に辞任を要求した。そのなかには州政府の大臣4名と副大臣3名が含まれていた。タイブ首席大臣は州議会の解散選挙に踏み切り，また，州資源計画大臣の権限を用いて，辞任要求を行った州議会議員とラフマン・ヤコブ前首席大臣に連なる伐採業者や親戚縁者の伐採許可30件あまりをすべて取り消した。[14]
　1987年の選挙では，与党連合が農村部のインフラ整備や票買収などに力を入れ，有権者の票の獲得に尽力した。与党連合の選挙資金には，タイブ首席大臣から伐採許可を交付された大手林産企業やタイブ首席大臣の関係者がもつ伐採許可区域の請負業者，伐採許可の新規交付を願う業者からの献金が多額に含

まれていた。与党連合は集票のために膨大な資金を費やし，その結果，州議会48議席中28議席を獲得してかろうじて政権を維持することに成功した。また選挙後には8人の野党議員を説得して与党連合に鞍替えさせ，州議会での圧倒的多数を手に入れた（Ross 2001）。

1987年の選挙以降，与党連合は集票手段として農村部のインフラ整備や票買収に力を入れるようになり，選挙では毎回与党連合が大勝するようになった。1991年の選挙では，与党連合が州議会56議席中49議席を獲得して大勝し，これ以降，野党勢力は低迷し，タイブ首席大臣はようやく州の政治権力を名実ともに手に入れた。

1981年から1991年までの10年間，タイブ首席大臣は不安定な政権運営を強いられるなか，州資源計画大臣のもつ伐採許可の交付と取り消しの権限を利用して，ラフマン・ヤコブ前首席大臣が築いた州政財界のパトロン・クライアント関係を解体し，自らを頂点とするパトロン・クライアント関係に再編した。タイブ首席大臣は，ラフマン・ヤコブ前首席大臣と同様に，与党連合の政党幹部や議員に森林利権を分配し，多民族からなる与党連合のまとまりを維持した。[*15] また林産企業からは選挙資金を調達し，さらには自らの一族の蓄財にも森林利権を利用した。

ブラウン（Brown 1999）によると，タイブ政権下において大規模な伐採許可を保有する企業は，サムリン・グループ，リンブナン・ヒジャウ・グループ，KTSグループ，WTKグループ，シンヤン・グループといったサラワクの大手林産企業であり（表6-1参照），これらの企業グループの傘下会社には，タイブ首席大臣の親族縁者やサラワクの与党政治家たちが役員に名を連ねている。たとえば，リンブナン・ヒジャウ・グループの場合，前述したように，ラフマン・ヤコブ前政権下ではティオン会長が前首席大臣の信頼を得られず苦労したが，タイブ政権下では同グループの傘下企業の役員や株主にタイブ首席大臣の親戚縁者を誘い入れ，タイブ首席大臣の厚意を得ることに成功した。また，タイブ首席大臣は大手企業の他に，自身の親戚縁者が幹部を務める企業にも多くの伐採許可を交付した。タイブ首席大臣の親戚縁者がもつ伐採許可の規模は総計で99万8011haに及ぶという（Brown 1999）。

表6-1 サラワク州の森林事業権の保有企業トップ5（1996年）

	企業名	事業権区域の総面積 （推定）（ha）	備考
1	サムリン・グループ	1,636,320	・サラワクの大手林産企業 ・傘下企業の役員にはタイブ首席大臣(CM)の従兄，与党政治家
2	リンブナン・ヒジャウ・グループ	1,500,000	・サラワクの大手林産企業 ・傘下企業の役員にはCMの弟や与党政治家
3	タイブ首席大臣関係者の諸会社	998,011 ※合計の推定面積	・CMの親族，友人，部下，親しい政治家（とその家族）など
4	KTSグループ	500,000	・サラワクの大手林産企業 ・傘下企業の役員には与党政治家
5	WTKグループ	400,000	・サラワクの大手林産企業 ・CM，与党への献金
5	シンヤン・グループ	400,000	・サラワクの大手林産企業 ・傘下企業の役員にはCMの兄弟

出典：Brown（1999）をもとに作成。

6-6 過剰な森林伐採に対する国際的プレッシャーと州政府の対応

　1980年代，サラワクの木材生産量は急激に上昇した。1970年代後半からの木材ブームに加えて，タイブ首席大臣が権力基盤の維持・拡大のために伐採許可を次々と交付したためである。1978年には約600万 m^3 だった年間木材生産量は，1982年から1986年にかけては1000万 m^3 を超え，さらに1986年から1991年にかけてはもっとも少ない年でも1140万 m^3，多い年では1940万 m^3 にまで達した（Ross 2001）。1972年に国連食糧農業機関（FAO）が勧告したサラワクの持続可能な木材生産量は439万 m^3 であったが，1980年代のサラワクの木材生産量はFAO勧告の4倍以上に達していた。こうしたなか，サラワクの過剰な森林伐採に対して国際的非難が集まり，州政府は対応をせまられるようになる。

6-6-1　環境と住民に配慮した森林管理を求める国際的プレッシャー

　サラワクの木材生産量が増加した1970年代後半から1980年代にかけては，折しも国際的に熱帯林問題への認識が高まり，グローバルな森林保全運動が活発になった時期である。木材ブームの最中にあったサラワクは，すでに木材ブームを終えた隣州のサバやフィリピン，インドネシアよりも森林伐採がさかんであったため，国際的非難を集めることになった（Ross 2001，藤田 2008）。実際にサラワクにおける森林伐採の拡大は，内陸部の生態環境や先住民の生活に影響を及ぼし，1980年代後半には狩猟採集民プナンを中心に先住民たちが伐採反対運動を行うようになった。1987年にはプナンが伐採道路をバリケードで封鎖する映像が国際的に報道され，これをきっかけにサラワクの森林開発は国際的非難を浴びるようになる（藤田 2008，金沢 2009）。

　欧米では国際NGOの働きかけによってサラワク材の不買運動が広がり，サラワクの森林伐採に対する国際的圧力が高まった。そのため，サラワク州政府は国際熱帯木材機関（ITTO）による査察を受け入れ，1990年には同機関が公表した伐採量削減の勧告を受け入れることを発表した（Ross 2001）。しかしタイブ首席大臣は，当時ラフマン・ヤコブ前首席大臣との権力争いが続くなか，自らの支持基盤を固めるために森林利権の分配を続ける必要があった。タイブ首席大臣がようやく伐採削減を実施したのは，1991年の選挙によって与党連合が大勝し，タイブ首席大臣の権力基盤が安定してからである。1992年以降，サラワクの木材伐採量は下降したが，それでも持続可能な木材生産量を大きく上回り，1995年で1620万m^3，2005年で1204万m^3，2010年でも1015万m^{3}を記録した（Ross 2001, Department of Statistics Malaysia Sarawak 2006, 2011）。

　サラワクの森林伐採に対する国際的圧力が高まるなか，タイブ首席大臣は森林資源の利用をめぐるふたつの課題に直面した。ひとつは，サラワク林業の国際的イメージを改善するために環境と地元コミュニティに配慮した森林政策を実施すること，もうひとつは，それと同時に，これまで通り森林利権の分配を行い，自らの権力基盤を維持することであった。1990年代以降，サラワクでは以下にみるように，州政府が国際的支援を得て「持続可能な開発」を目指したさまざまな森林管理プログラムを実施するようになったが[*16]，そうした政策は

サラワクの過剰な木材伐採の根源にある利権構造を掘り崩すものではなかった。

6-6-2　州森林局による「持続可能な森林管理」

1990年代，サラワクの森林保全政策としてまず初めに実施されたのは，持続可能な森林管理を目指したパイロット・プロジェクトである。以下に述べる2件のプロジェクトを通して，州政府はサラワクの木材産業界に森林管理に関する新たな知を導入し，サラワク材の国際的イメージを改善する足がかりを提供した。

1993年から2006年にかけて，州資源計画省下にある州森林局は，国際熱帯木材機関の主導の下，「森林管理モデル地区」プロジェクトを実施した。同プロジェクトは，森林局職員や伐採会社の社員に対して，①森林目録調査とモニタリング，②伐採道路の建設計画の策定，③低インパクト伐採，④森林ゾーニング，⑤森林管理計画の策定，⑥コミュニティ開発，⑦造林などの方法や技術について訓練を施すものである。[*17]プロジェクトの実施には，州中央部のビントゥルの森林約10万6820haが選定され，そのうちの約80％はサラワクの大手林産企業のひとつであるシンヤン・グループの傘下会社ゼッティ社の伐採権区域であった。

また，1995年から2000年にかけては，ドイツ政府の開発援助機関であるドイツ技術協力公社（GTZ）の支援を受け，「サラワクにおける持続可能な森林管理促進」プロジェクトが実施された。プロジェクトの実施地には，地元の大手林産企業のひとつであるサムリン・グループの傘下会社サムリン・プライウッド社が伐採許可をもつ州東部の内陸部バラム川上流の伐採権区域が選定された。同プロジェクトの内容は，区域内の生態データ（土壌，植生，野生生物など）や地元コミュニティの社会経済データを収集・分析し，年間木材伐採量の推定やゾーニングによって木材生産区や保護区，地元コミュニティのために確保する区域の設定を行い，適切な伐採計画を立てるというものであった。

しかし，同プロジェクトが実際に計画通りに進められていたかどうかは疑わしい。たとえば，同プロジェクトでは地元コミュニティの生活空間に配慮したゾーニングが行われるはずであったが，1998年には区域内に暮らす先住民の一部が，サムリン・プライウッド社に対して，住民の反対を無視して先住慣習

地の森林を伐採したとして訴訟を起こしている[18]。また，環境に配慮した伐採計画を謳っていたにもかかわらず，プロジェクト終了後にノルウェーの政府年金基金グローバル倫理評議会が区域内の伐採状況を調査したところ，環境配慮に欠けた伐採が行われていることが明らかになった[19]。

1990年代にサラワクに導入された森林管理の新しい技術や知識は，2000年代に森林認証制度が導入されたことで，サラワク材の国際的イメージの実質的な向上に結びついた[20]。2002年，サラワクの大手林産企業各社は，州政府の数年来の説得に応じ，森林認証の取得に取り組むことを承諾した。もっとも早く認証を取得したのは，パイロット・プロジェクトが実施されたサムリン・プライウッド社とゼッティ社の伐採権区域であり，それぞれ2004年と2008年にマレーシアの森林認証機関であるマレーシア木材認証評議会（MTCC）から森林管理認証を取得した。これにより，上記2社の伐採権区域で生産された木材は，持続可能な森林管理の下で生産されたと認められ，環境配慮を求めるヨーロッパの木材市場に再びアクセスできるようになった。

6-6-3　植林政策と新たな利権の誕生

1970年代後半から始まった木材ブームによって過剰な森林伐採が行われた結果，サラワクの天然林からの木材生産は1990年代半ばには限界に達した。1996年，タイブ首席大臣は林産企業に対して，天然林からの伐採だけでは賄えなくなった木材生産の補完のために早生樹の植林に着手するよう促した。植林政策の実施によって，タイブ首席大臣は森林保全政策への取り組みを対外的にアピールできるだけでなく，植林事業をめぐる行政権限を通して，権力基盤を維持するための新たな利権を手に入れた。

1997年，植林のための森林規則（Forest Rules 1997）が制定され，植林政策は州森林局の管轄となり，同局に植林許可の交付権限が与えられた[21]。サラワクの植林事業は，古くは1920年代から行われ，当時は種子が食用油脂に利用されるエンカバンや果樹が栽培された。また1970年代には，アカシア・マンギウムやグメリナといった早生の熱帯広葉樹の栽培試験も実施されていたが，その規模は小さく，1995年時点でサラワクの植林面積は約1万3000ha（州面積の約0.1％）に過ぎなかった[22]。しかし，1997年に植林政策が始まるとサラワク

の植林面積は次第に拡大し，2000年には約2万3000ha，2009年には約32万1500ha（州面積の約2.6％）に達した。

植林事業は，州中央部のビントゥルやカピットの内陸部を中心に，おもに伐採跡地を利用して実施されている。2009年6月の時点で42件の植林許可が交付され，事業権区域の総面積は約280万ha（州面積の約22.5％）に上る。植林事業では，まず対象となる区画の樹木が皆伐され，そこにパルプや合板の材料となるアカシア・マンギウムなどの早生樹が植えられる。また，植林した木が十分に成長するにはアカシア・マンギウムの場合で少なくとも7～8年の年月がかかるため，企業は短期収益を得るために事業権区域の20％をアブラヤシなどの商品作物栽培に使用することが許可されている。すなわち植林事業を実施する企業は，事業の初期段階で皆伐に伴う木材の収穫やアブラヤシ栽培などによって短期収益を得ることができ，そのため，以下にみるように，植林許可の交付権限は，伐採許可に続く州政府の新たな利権となった。

表6-2が示すように，タイブ首席大臣は植林許可をサムリン・グループやリンブナン・ヒジャウ・グループといった地元の大手林産企業と，タイブ首席大臣の従兄が会長を務めるタ・アン・グループなどに交付し，これまでに築き上げたパトロン・クライアント関係の維持と自らの一族の富の蓄積を行っている。さらに植林事業においては，州政府機関にも大規模な事業権が交付され，州森

表6-2　サラワク州の植林事業権の保有企業トップ5（2007年）

	企業名	事業権区域の総面積(ha)	備考
1	サムリン・グループ	571,810	・森林事業権の保有企業No.1
2	リンブナン・ヒジャウ・グループ	555,073	・森林事業権の保有企業No.2
3	州森林局	490,000	・実際の植林事業は，KTS，サムリン，タ・アンによる合弁企業が下請け
4	タ・アン・グループ	300,131	・タイブ首席大臣の従兄が会長を務める地元林産企業
5	サラワク木材産業開発公社（STIDC）－KTS合弁会社	278,761	・合弁相手のKTSグループは森林事業権の保有企業No.4

出典：Friends of the Earth（2008）をもとに作成。

林局が49万 ha，サラワク木材産業開発公社（STIDC）が27万8761haの植林許可を保有している。これらの州政府機関は，いずれもタイブ首席大臣が大臣を兼任する州計画・資源管理省の下部機関である。[*23]

　サラワク木材産業開発公社の前身は，1970年代にラフマン・ヤコブ前首席大臣が創設したサラワク木材産業開発評議会である。第4節で述べたように，ラフマン・ヤコブ前首席大臣は森林利権をよりいっそう独占するために，自ら同評議会の議長に就任し，同評議会に大規模な伐採許可を交付した。他方，タイブ首席大臣の場合，タイブ首席大臣がもっとも信頼をおく側近の一人であるアワン・トゥンガ州計画・資源管理副大臣をサラワク木材産業開発公社の議長に任命した。同公社と州森林局が保有する植林事業権区域の面積は，2007年時点でそれまでに発行された事業権区域全体の約4分の1を占める。また両機関は，植林許可を保有するものの，実際の植林はKTSグループやサムリン・グループといった大手林産企業とタイブ首席大臣系列のタ・アン・グループが請負っており，州政府は操業コストを負担することなく事業利益を得ることができる。これに対し，サラワクの森林伐採に反対する国際NGOは，本来，木材産業の監督役を務めるはずの行政機関が，自ら事業活動を行うことで，規制機関としての自律性を失っているのではないかと強く批判している（Faeh 2011）。

6-7　アブラヤシ・プランテーション開発の展開

　1990年代，木材ブームがピークを過ぎたサラワクでは，林業以外にサラワクの経済発展を促す産業としてアブラヤシ・プランテーション開発が促進された。アブラヤシからとれるパーム油やパーム核油は，食用油や洗剤の原料となり，1990年代後半以降，ヨーロッパでの安定した消費に加えて，経済成長の目覚ましいインドや中国でも消費が拡大し，国際的需要が急増した（林田 2012）。これに応じて，サラワクのアブラヤシ生産は1990年代末以降，飛躍的に伸びた。サラワクのパーム油輸出量は1995年では21万2826トンであったが，2000年には48万7640トン，2005年には134万4241トン，2010年には217万8354トンにまで増大した（Department of Statistics Malaysia Sarawak 2006, 2011）。

サラワクのアブラヤシ・プランテーション開発には3種類あり，それぞれ異なる州政府機関が事業権の交付権限を握っている。ひとつは，州計画・資源管理省下の州土地調査局が，プランテーションを開拓する企業や州政府機関に暫定的借地権を発行するものである。もうひとつは，前節で述べたように，植林許可を交付された企業が短期収益用に事業権区域の20％をアブラヤシ栽培に使用する場合である。植林許可の交付機関は，州計画・資源管理省下の州森林局である。そして最後に，州土地開発省が管轄する「新しいコンセプト（New Concept）」と呼ばれるプログラムの下で行われる，先住慣習地を利用したプランテーション開発がある。以下では，「新しいコンセプト」について少しくわしく見ていきたい。

6-7-1 「新しいコンセプト」による先住慣習地の開発

1994年に州政府が開始した「新しいコンセプト」は，現在使われていない先住慣習地を効率的に利用するために，先住民と企業，州政府がひとつの法人をつくり，先住慣習地でアブラヤシ・プランテーションを造成するプログラムである。[*24] 同プログラムは，内陸部の地方開発を担当する州土地開発省が管轄している。同省の大臣は，慣例として与党連合のイバン系政党から任命されることから，同プログラムをめぐる利権は一見するとイバン系政党の取り分にみえる。しかし，後述するように，「新しいコンセプト」によって先住民にもたらされるはずの利益の大部分は，タイブ首席大臣の支配下にある州計画・資源管理省が吸い上げる構造になっている。

「新しいコンセプト」の名称の由来は，これまで州政府が先住慣習地のプランテーション開発を主導してきたのに対して，同プログラムでは民間企業が中心となって開発が行われることによる（Majid-Cooke 2002）。1970年代半ば以降，州土地開発省下のサラワク土地統合復興機関（SALCRA）とサラワク土地開発委員会（SLDB）は，先住民に政府補助金や低金利融資を行い，先住慣習地の開発を進めてきた。しかし，この政府主導のプランテーション経営は赤字が続いて行き詰まり，州政府は多額の損失を出した（Cramb 1990, King 1986）。そのため「新しいコンセプト」では，州政府ではなく民間企業の出資によって先住慣習地の開発を進めることになった。2011年時点において，同プログラムの

下で6万203ha（州面積の0.4%）の先住慣習地がプランテーションに開発されている。

「新しいコンセプト」では5000ha以上の土地が対象となることから，通常，複数の先住慣習地が所有者たちの合意をもとにひとつの区画に再編され，法人に対して60年の土地権が与えられる。法人が得た事業利益は，企業に6割，先住民に3割，州政府に1割の割合で配分される。州土地開発省は，先住民のメリットとして，①現在使用されていない先住慣習地を有効活用できる，②道路や学校などのインフラ整備によって地価の上昇が見込まれる，③事業利益の3割を受給できる，④アブラヤシ栽培の準備金として現金で先払い資金を受給できる，⑤雇用機会が生まれる，⑥収入が安定する，などをあげている。[*25]

一見すると，先住民の現金収入の増加が期待できるプログラムであるが，先住民が現金で受け取ることができるのは，先払い資金（1haにつき480リンギ＝約1万4000円）[*26]の4分の1の額だけである。先払い資金の残りの4分の3は，州政府が先住民の管財人として指定する州計画・資源管理省下の州土地管理開発機構（LCDA）に投資される。先住民は同政府機関を管財人とすることが義務づけられており，同機関は先住民の取り分である地代（1haにつき1500リンギ＝約4万5000円），先住民の保有する法人株，資本金の3割などを管理し，これらを「先住民の利益のために」運用することになっている。先住民への分配金の支払いについては事実上保証されておらず，年によっては赤字経営を理由に支払われない場合もあり，先住民が訴訟を起こすケースがみられる（*Free Malaysia Today*, 8 December 2011）。

このように「新しいコンセプト」では，未使用地の有効活用や先住民の雇用対策などを名目に先住民の土地から開発利益を生み出し，先住民にも多少の利益が分配される一方，大部分の利益は企業と管財人である州政府機関に流れる仕組みになっている。また，一部の先住民が自分たちの合意なしに「新しいコンセプト」への参加が決定したと不服を申し立てるケースもみられ，国際NGOを中心に同プログラムを疑問視する声が聞かれる（*Sarawak Report*, 19 July 2012）。[*27]

6-7-2　アブラヤシ・プランテーション開発をめぐる利権構造

　1990年代後半以降，拡大を続けるアブラヤシ・プランテーション開発は，州政府にとって商業伐採と植林事業に続く新たな利権となった。すでに述べたように，アブラヤシ・プランテーションをめぐる行政権限は，開発の種類に応じて3つの州政府機関（州土地調査局，州森林局，州土地開発省）が握っているが，利権の受益者は，商業伐採や植林事業の場合と同じく，サラワクの大手林産企業とタイプ首席大臣の親戚縁者が経営する企業であり，サラワクの利権構造に基本的な変化はみられない（表6-3を参照）。

　しかし新たな特徴として，アブラヤシ・プランテーション開発では地元企業だけでなく，マレーシアの首都クアラルンプールに本社をもつ国内大手企業も開発に参加するようになった。クアラルンプールの大手企業は，すでに開発が進んだマレー半島での未開地不足を背景に，企業利益の拡大を求めてサラワクに進出してきた。こうした企業には，トレイドウィンズ社やマレーシア国営投資会社PNB傘下のサイム・ダービー社，ボーステッド社などがあり，トレイドウィンズ社はサラワクに7万7124ha，サイム・ダービー社は4万8000ha，ボーステッド社は2万5606haのプランテーション用地を保有している。これらの企業の役員には，マレーシア連邦政府の元高官や連邦第一与党である統一マ

表6-3　サラワク州におけるアブラヤシ・プランテーション用地の保有企業トップ5（2011年）

	企業名	プランテーション用地の総面積（ha）	備考
1	リンブナン・ヒジャウ・グループ	186,593	・森林事業権と植林事業権の保有企業No.2
2	WTKグループ	83,000	・森林事業権の保有企業No.5
3	トレイドウィンズ社	77,124	・クアラルンプールに本社 ・役員には統一マレー国民組織幹部
4	タ・アン・グループ	74,395	・植林事業権の保有企業No.4 ・会長はタイプ首席大臣の従兄
5	サラワク・オイルパーム社（SOPB）	65,000	・州土地管理開発機構（LCDA）とシンヤン・グループの合弁企業

出典：各企業ウェブサイトをもとに作成。

レー国民組織の幹部たちが名を連ね，連邦政府の政治エリートたちもサラワクの開発利権に直接関与するようになった[*28]。また，連邦政府機関である連邦土地統合再開発庁（FELCRA）も，サラワクに1万1017haのアブラヤシ・プランテーションを有している。

　トレイドウィンズ社やサイム・ダービー社などの国内大手企業が保有するプランテーション用地の一部は，州政府がこれらの企業に直接造成許可を交付したのではなく，州政府から暫定的借地権を交付された地元企業や「新しいコンセプト」に参加した企業が，これら国内大手企業に株を売却したことから得たものである。たとえば，2007年に設立されたサラワクの地元企業マスレトゥス社は，2009年に州土地調査局から768haの暫定的借地権を取得し，借地権の取得からわずか6週間後に，同社の全株式をトレイドウィンズ社に約700万リンギ（約2億1200万円）で売却し，トレイドウィンズ社の傘下企業となった。ちなみに，売却前のマスレトゥス社の筆頭株主は，タイブ首席大臣の弟とその息子たちであった（*Sarawak Report*, 18 January 2011）。

　このように，サラワクのアブラヤシ・プランテーション開発では，造成許可をもつ一部の地元企業がプランテーション開発そのものではなく，企業の転売をビジネスの目的としている場合がある。そして，こうした企業の一部には，上述したようにタイブ首席大臣や与党関係者の家族が関与している。木材産業の場合，事業権を保有する与党政治家やその家族は地元企業に伐採を下請けさせていたが，アブラヤシ・プランテーションの場合は，造成から収穫までに少なくとも3年を要するため，事業権保有者は短期間で利益を得るために企業そのものを売却するようになったと考えられる。

6-8　森林開発の進展がもたらした先住民の知への影響

　これまでみてきたように，サラワクの森林開発は1970年代後半から商業伐採，1990年代半ばから植林事業，1990年代末からアブラヤシ・プランテーション開発が進展し，開発をめぐる利権は，州の政治指導者によって権力基盤の確立と富の蓄積に利用されてきた。その一方で，森林開発の拡大は内陸部に暮らす先住民の生活空間をますます侵食するようになった。さらに最近では，州政

府は先住民の伝統知までをも開発の手段として利用し始めている。

6-8-1 州政府による先住民の伝統知の利用

　2000年代に入り，サラワク州政府は先住民がもつ生物資源に関する伝統知に注目し，新たな産業の開発に利用しようと考えるようになった。先住民の伝統知に関する研究開発は，州計画・資源管理省が管轄するサラワク生物多様性センター（SBC）が担っている。以下，同センターの概要と州政府による伝統知の利用についてみていきたい。[*29]

　マレーシアは1992年に生物多様性条約に調印し，1998年には連邦政府の科学技術環境省が生物多様性に関する国家政策を策定した。これに伴い，サラワクでも州内の生物多様性の保全と持続可能な開発推進を目的に，サラワク生物多様性センターが創設された。1998年の設立当初，同センターは環境保全の色合いが強く，その主な業務は，州内の生物種目録調査と，商業目的や学術調査などによる生物資源の収集活動に対する監督・規制であった。

　しかし2000年代に入り，国際的にバイオテクノロジーが投資分野として有望視されるようになると，マレーシアでも連邦政府が第8次五カ年開発計画（2001〜05年）においてバイオテクノロジー分野の投資推進を決定した。これに応じて，サラワク州政府は生物多様性センターの役割を大幅に見直す決定を下した。2003年から2004年にかけて，州政府は生物多様性センターに関する諸規則を改正し，同センターが担ってきた生物種目録作成と規制機関としての役割を縮小した。これに代わって同センターの主要業務となったのは，州内の生物資源を利用したバイオテクノロジー分野の研究開発である。

　州政府は，とくにこれまで先住民が利用してきた生物資源の研究開発に重点をおいた。生物多様性センターは，先住民たちが生薬として用いてきた生物資源から新薬や健康食品，サプリメントなどを開発するため，アメリカや日本の研究機関や製薬会社と共同で研究を進めている。たとえば2012年11月には，三菱商事が生物多様性センターと共同でサラワクの藻類生物多様性の研究を行うことに合意し，契約を締結した。同研究の目的は，サラワクの藻類の生物学的特性を明らかにし，食品や健康サプリメント，バイオマス製品としての利用可能性を探ることである。同研究では企業側が研究費と技術を提供し，生物多

様性センターは研究施設と研究員を提供する (*The Star*, 6 November 2012)。こうした共同研究を通して，州政府はバイオテクノロジーに関する最新の知識と技術を導入できるだけでなく，研究開発費をさほど負担せずに新製品開発の利益にあずかることができる。また，サラワクの生物資源に関する知的所有権は原則州政府に付与されているため，州政府は知的所有権にかかわる使用料も得ることができる。

　他方，内陸部に暮らす先住民のもとには，生物多様性センターの専門家たちが訪れ，生物資源の採取と先住民の知識の聞き取りを行うようになった。先住民の反応はさまざまであり，自分たちの伝統知を何の見返りもなく州政府や企業に提供し，開発への協力を強いられることに警戒心を強める者もいれば，企業に伝統知を売り込んで富を築こうと考える者もいる（奥野 2006）。いずれにせよ先住民たちは，州政府がバイオテクノロジー産業を推進するようになったことで，自分たちの伝統知が商品価値をもつことに気づくようになったといえる。また生物多様性センターでは，地元コミュニティを対象にワークショップを開催し，録音・録画技術を教え，コミュニティ自身による伝統知の保存活動を推進している。他方，国内外のNGOは，先住民たちに知的所有権という新たな概念を導入し，伝統知に対する先住民の権利意識を高める活動を行うようになった（奥野 2006）。こうしてサラワクの先住民たちは，伝統知がもつ近代的な価値や権利を認識するようになり，また伝統知を記録するための録音・録画技術も導入し始めている。

6-8-2　里を守るための近代知の導入

　1980年代末以降，先住民たちは自分たちの土地の権利を求めて企業の伐採活動に反対するなか，司法制度の知識や土地測量技術などの近代知も身につけるようになった。1989年，サラワクで初めて，先住民たちが伐採事業区域における自分たちの土地の権利を求めて訴訟を起こした。この裁判は，内陸部出身のバル・ビエン弁護士が出身地の先住民の権利を守るために始めたものであり，事業区域における先住民の慣習権を主張し，企業に伐採活動をやめるよう訴えた。裁判はその後，先住民と企業との間で和解が成立したが，同裁判以降，サラワクの先住民たちは司法制度を通した権利の獲得に可能性を見出し，州政

府や地元企業を相手取って伐採区域や植林区域，プランテーション用地の一部について先住慣習権を主張して訴訟を起こすようになった。そうした訴訟は現在 200 件以上に上るといわれ，そのほとんどをバル・ビエン弁護士を含む 3 人の先住民出身弁護士と 1 人のインド系マレーシア人の人権派弁護士が担当している（藤田 2008）。

　先住慣習地をめぐる裁判では，住民側は土地の権利を主張するために，それまで明確ではなかった先住慣習地の位置や範囲を示す必要がある。そのため，先住民を支援する国内外の NGO は，住民に GPS 機器などの使い方を教え，住民とともに先住慣習地の地図を作成するようになった（藤田 2008）。とくに，2001 年に地方裁判所が初めて先住民の訴えを認めた「ルマ・ノル裁判」では，判決の重要証拠として GPS で作成した先住慣習地の地図が認められたことから，同裁判以降，先住民の間で GPS を用いた地図の作成がさかんになった（Majid-Cook 2003）。また，ルマ・ノル裁判では先住慣習地の定義について画期的な判決が下された。従来の政府側の解釈では，先住慣習権は 1958 年までに住民が耕作や住居の建設などのために開墾した土地にのみ認められていた。これに対し，地方裁判所の判決では，居住地や耕作地，放棄林のほかにも，開墾はされていないが住民が生活に必要な資源を採取するために利用してきた「プマカイ・ムノア」と呼ばれる森林についても先住慣習権を認めるとした。[*30]

　ルマ・ノル裁判の判決は，その後の類似の裁判で住民側弁護団が引用するようになり，先住民たちは司法制度を通した土地権の獲得に希望をもつようになった。しかし，一般にサラワクでは判事の不足などから裁判が長期化する傾向があり，これまでに第一審判決までいたった先住慣習地に関する訴訟はわずか 3 件しかない（藤田 2008）。多くの訴訟は今も審議を待っている状態である。

6-9　おわりに

　以上にみるように，サラワクの森林開発は商業伐採から植林事業，アブラヤシ・プランテーション開発へと展開し，州の政治指導者たちは，開発利権の分配を通して自らを頂点とする州政財界のパトロン・クライアント関係を構築，維持，拡大し，今日のサラワクの利権構造を作り上げた。

しかし，今後サラワクの政治に何らかの変化が起きれば，この利権構造にも変化がみられるかもしれない。すでに30年以上にわたって首席大臣を務めるタイブは，2011年の選挙後に，今任期が終わる2016年までに引退することを表明した。後継者については明らかにされていないが，タイブ首席大臣は引退後も政策顧問あるいはラフマン・ヤコブ前首席大臣のように州元首となってサラワク政界に影響力を持ち続けるだろうといわれている。そうなれば，1980年代のタイブ首席大臣とラフマン・ヤコブ前首席大臣の利権争いのように，今度はタイブ首席大臣と後継者が利権をめぐって争うようになるかもしれない。また，サラワクにタイブ首席大臣のような強力な政治指導者がいなくなれば，1960年代のように与党連合内で激しい権力争いが起きるかもしれない。そのときにはおそらく省庁再編が行われ，現在は州資源計画・環境省に集中する開発利権が各省庁に分散されるだろう。そうなれば，首席大臣を頂点とする今日の利権構造は解体され，開発事業を管轄する省庁ごとに大臣を頂点とする複数の利権構造が生まれる可能性がある。また今日の利権政治を批判し，都市部の華人や一部先住民の支持を集める野党勢力が将来的に州政権をとった場合，より公正な資源の分配や環境と住民に配慮した森林管理政策が推進されることが期待される。しかし，議会の安定多数を確保するには政党連合の形成が不可欠であり，そうなればやはり政党間の権力争いは避けられないだろう。

　こうしたなか，今後は有権者の役割がよりいっそう重要になってくると考えられる。現タイブ政権下では，内陸部に暮らす先住民の多くは森林開発に何らかの不満をもっていたとしても，選挙時には州政府から村のインフラ整備や票買収，生活資金の援助などを受けて，与党候補者に投票することが多い。しかし2011年の選挙では，一部の内陸部選挙区において，与党候補者が多額の票買収を行ったにもかかわらず，先住民の権利を訴える野党候補者が当選を果たした。このことから，州政府は一部地域で先住民の不満がかなり高まっていることを認識するようになった。今後，より多くの先住民が，自分たちの票の政治的影響力を認識するようになれば，サラワクの政治指導者たちは先住民の権利をより尊重するようになるかもしれない。

　すでに今日の先住民たちは，州政府や企業が進める開発から自分たちの伝統的な土地の権利や先祖の知恵を守るため，司法制度やGPSを利用した土地測

量技術，録音・録画技術といった近代知を導入するようになった。今後，先住民たちが，州政府や企業との「知をめぐるせめぎあい」のなかで，身につけた新しい知を活用して交渉力をもつようになれば，将来的には州政府と企業が，先住民と協働して持続可能な森林の利用と保全に取り組むようになるかもしれない。そのときには，まずは州政府と先住民の間で，先住慣習地の定義を確定し共有することが必要になってくるだろう。また新たな開発プロジェクトを実施する際には，州政府と企業が先住民やNGOと協働して先住慣習地の地図を作成することを義務づけるなど，開発計画の策定過程に先住民の参加をより保障するような新たな法的枠組みが必要になると思われる。こうした政府と企業，先住民の協働のなかで，今後サラワクに新しい知の枠組みが生まれてくるかもしれない。

注
* 1　1953年の森林法では，伐採規則として，伐採業者には森林調査や年間伐採区域の設定，作業地図の作成，適切な道路建設計画の策定，択伐の徹底などが求められた。また伐採から半年後には，森林局が伐採跡地を調査し，不適切な伐採が行われていた場合には罰金を課すことが規定された（Ross 2001）。
* 2　サラワクの華人の歴史は古く，5世紀ごろには中国から商人が訪れるようになった。しかし，大規模な中国系移民が到来するのは19世紀に入ってからである。当時の中国系移民は，18世紀半ばにゴールドラッシュでボルネオ西部（現インドネシア西カリマンタン州）に移住した中国人労働者たちの子孫であり，ボルネオ西部に自治領を形成していたが，19世紀半ばにオランダ軍によって破壊されたため，その一部がサラワクに移り住んだ。また20世紀初めには，ブルック政府がサラワクの未開地開拓の労働力として中国から移民を呼び込んだ（Chin 1997）。今日，華人はサラワクの経済活動のおもな担い手となり，2011年人口センサスによると，華人人口はサラワク州人口全体の25.7%を占めている。
* 3　サラワク州行政の最高ポストは州元首（Governor）であるが，州元首は象徴的な存在であり，州行政の実権は州首席大臣が握っている。
* 4　伐採許可の交付プロセスは公開入札制ではなく，担当大臣が申請書類に応じて，州有林については短期（5年未満），永久林については中期（5～10年）あるいは長期（10年以上）の伐採許可を交付する。伐採許可の保有者は，第三者に事業権を売却，移譲することはできない。また伐採許可の期限が切れると，担当大臣は許

可を更新するか，あるいは新たな許可を発行する（Phoa 2003）。

＊5 連邦政府がニンカン首席大臣の解任をめぐり政治介入を行った背景には，連邦政府がサラワクの自治ばかりを強調するニンカンを厭い，連邦政府と協調できる首席大臣を望んでいたこと，また，連邦政府の主導権を握るマレー系政党，統一マレー国民組織が，サラワクにおいても連邦と同じくマレー系政党が州政権の主導権を握ることを望んでいたことがあげられる（田村 1988）。

＊6 アブドゥル・タイブ・マフムドは，1936 年にサラワクのミリで生まれたムスリムのムラナウ人である。1960 年にオーストラリアのアデレード大学法学部を卒業後，1962 年にサラワクに帰国して検察官を務めた。1963 年，タイブはサラワク人民戦線の創設者の一人であり当時連邦政府の土地・鉱物副大臣を務めていた叔父アブドゥル・ラフマン・ヤコブに誘われ政界入りした。タイブは，ニンカン政権期には州コミュニケーション・労働大臣（1963 〜 66 年）を務め，1965 年から 1966 年にかけてはニンカン首席大臣の辞任要求運動の中心となった。

＊7 タイブは，当時国連食糧農業機関（FAO）の森林査察が行われていたことを理由に，査察終了までは伐採許可の交付を凍結するよう州政府に求めた。州政府はこれに合意し，タイブの辞任条件にしたがって，州政府と連邦政府，連邦政府と FAO の間で覚書が交わされた（Ross 2001）。

＊8 1969 年，半島部で実施された総選挙において華人を中心とする野党が躍進したことを背景に，勝利パレードを行っていた華人の野党支持者とマレー人の統一マレー国民組織支持者が街頭衝突し，民族暴動に発展した。

＊9 たとえば，華人実業家のウィー・フーテックとリン・ベンシュウはイバン系のサラワク国民党とペサカ党の大口資金提供者であり，さらには，ウィーは野党のサラワク統一人民党（SUPP），リンはサラワク華人協会とブミプトラ党にも献金を行っていた（Ross 2001）。

＊10 アブドゥル・ラフマン・ヤコブは，1928 年にサラワクのビントゥルで生まれたムスリムのムラナウ人である。1948 年にサラワク政府の原住民官吏となり，留学の機会を得て英国で法学を修めた。留学後は 1959 年から 1963 年までサラワク法務局に務め，1963 年にはサラワク人民戦線から選挙に出馬したが落選し，アブドゥル・ラフマン首相（当時）の計らいで連邦政府の国家地方開発副大臣（サラワク担当）に就任した。また州首席大臣に就任する以前は，連邦政府の教育大臣を務めていた（Hazis 2012）。

＊11 1979 年の法改正以前は，林業省の森林局長が裁判官の許可を得て違反者に立退き要請や処罰を行うことができた。ラフマン・ヤコブ首席大臣は法改正によって，こうした裁判所の権限をはく奪した（Ross 2001）。

*12　ジェームズ・ウォンは，ブルネイ政府に対してサラワク国民党が州政権を取った暁には州の一部をブルネイに割譲すると約束したとの嫌疑をかけられ，逮捕された（*Free Malaysia Today*, 19 July, 2011）。

*13　ラフマン・ヤコブ首席大臣から伐採許可を交付された者の多くは，サラワクの大手林産企業に伐採を下請けさせていた。通常伐採請負に際しては，企業側が伐採許可の保有者に対して請負契約料を支払い，さらに年間の木材生産量に合わせて毎年集金が行われた（Ross 2001）。

*14　ラフマン・ヤコブ前首席大臣は，タイブ首席大臣による約 30 件の伐採許可取り消しに対し，報復として，タイブ首席大臣の親戚縁者や癒着業者が合計約 160 万 ha の伐採許可を有していると公表した（Leigh 1998）。ラフマン・ヤコブ前首席大臣の関係者とタイブ首席大臣の関係者がもつ伐採許可の総面積は，サラワクの伐採許可区域全体の 40% 以上を占めたといわれる（Ross 2001）。

*15　当時の森林利権の分配において，サラワクの与党政治家たちは伐採許可を直接交付されるのではなく，伐採許可を交付された会社や木材加工会社の株主である場合が多かった。政治家たちの多くは非常に少額で会社の株を購入し，定期的に多額の配当金を受け取った（Ross 2001）。

*16　「持続可能な開発」は，1992 年の国連環境開発会議（UNCED）以降，環境問題の国際的主題となった概念である。

*17　本節で述べる，サラワク州森林局による 2 件のパイロット・プロジェクトの概要については，州森林局ホームページを参照した。

*18　先住慣習地とは，1958 年土地法において，1958 年以前に先住慣習権が設定された土地を指す。先住慣習権は，①原生林の伐採とその伐採地の占有，②果樹栽培，③土地の占有ないし耕作，④埋葬地あるいは聖地としての土地利用，⑤土地区分に従った固有の利用，⑥その他の正当な法的方法による利用，の 6 つによって制定される（市川 2010）。しかし多くの先住慣習地は，いまだ登記が進んでいないため，その位置や境界線があいまいな場合が多く，企業が州政府の許可を得て開発などを行う際，境界をめぐってしばしば争いが生じている（藤田 2008）。

*19　ノルウェー政府年金基金グローバル倫理評議会は，2008 年から 2009 年にかけてサラワクの違法伐採に関する調査を実施し，サムリン・プライウッド社が数年にわたって操業に必要な環境影響評価を受けずに伐採を行っていたこと，また，環境的配慮からヘリコプターによる木材搬出のみが許可された区域において伐採道路が建設されていることを報告した（Council on Ethics for the Government Pension Fund Global 2010）。ノルウェー財務省は同報告書に基づき，2010 年 8 月にサムリン・グループに投資していた株の売却と，同社を投資先リストから除外したことを発表

した（Ministry of Finance Norway, 23 August, 2010）。

＊20　1990年代，欧米では熱帯林破壊への反対運動として，これまでの不買運動に代わり，森林認証制度の推進と認証製品の積極的購入を行うようになった。森林認証制度は，独立した第三者機関が一定の基準に照らし合わせて，生態系や地元コミュニティに配慮した適切な森林管理の下で生産された木材かどうかを評価・認証するものである（Vogt et al. 1999，内藤 2010）。サラワクでも州政府が早くから企業に認証の取得を呼びかけていたが，認証を得るにはコストや申請の手間がかかるため企業の反応は鈍く，2002年にようやく大手林産企業6社（サムリン，リンブナン・ヒジャウ，WTK，シンヤン，KTS，タ・アン）がマレーシア木材認証評議会（MTCC）の認証申請を行うことに合意した（藤田 2008）。

＊21　本項で述べる植林政策の概要は，州森林局ホームページを参照した。

＊22　アカシア・マンギウムやグメリナは，東南アジアに広く分布する早成樹で，成長が早く，アカシア・マンギウムの場合で7～8年，グメリナの場合は4～5年で伐採できるため植林によく用いられる。今日のサラワクではおもにアカシア・マンギウムが栽培され，グメリナの造林はほぼみられない。

＊23　1998年，州資源計画省は省名を州計画・資源管理省に変更した。森林開発に対する国際的批判が高まるなか，タイブ首席大臣は同省の新たな名称として，一般に資源開発のニュアンスをもつ「資源計画」に加えて，環境保全のニュアンスをもつ「資源管理」を採用し，省名に対するイメージの改善に取り組んだ。また2011年，同省は州資源計画・環境省に省名を変更した。

＊24　「新しいコンセプト」の概要については，州土地開発省のホームページを参照した。

＊25　「新しいコンセプト」に対する先住民の反応はさまざまであり，ひとつの村のなかでも賛成派もいれば反対派もいる。反対派のおもな懸念は，60年という長期の土地リース後に果たして本当に土地が戻ってくるのかということである（Majid-Cooke 2002，祖田 2008）。

＊26　円換算は2013年2月12日の為替レートによる。

＊27　サラワク・レポート（Sarawak Report）は，2010年にイギリス人社会活動家が始めたオンライン・メディアであり，おもにタイブ首席大臣の汚職に関する記事を扱う。

＊28　各社の取締役には，メガ・ナジュムディン統一マレー国民組織懲戒委員会副議長（トレイドウィンズ社取締役），ムサ・ヒタム元副首相・元統一マレー国民組織副総裁（サイム・ダービー社取締役会議長），サムスディン・オスマン元首相府官房長（サイム・ダービー社取締役），モハマド・ガザリ元国軍長官（ボーステッド社取締役会議長），モハマド・ユスフ元国軍情報参謀長（ボーステッド社取締役）

などの名がみられる。
＊29　サラワク生物多様性センターの概要については，同センターのホームページを参照した。
＊30　しかし同判決は，2005年に控訴裁判所で覆され，住民側は上訴したが，2008年に連邦最高裁判所で住民側の控訴が棄却された（藤田 2008）。

参考文献

市川昌広　2010「マレーシア・サラワク州の森林開発と管理制度による先住民への影響——永久林と先住慣習地に着目して」市川昌広・生方史数・内藤大輔編『熱帯アジアの人々と森林管理制度——現場からのガバナンス論』人文書院，25-43 頁。

奥野克巳　2006『帝国医療と人類学』春風社。

金沢謙太郎　2009「熱帯雨林のモノカルチャー——サラワクの森に介入するアクターと政治化された環境」信田敏宏・真崎克彦編『東南アジア・南アジア　開発の人類学』明石書店，121-156 頁。

祖田亮次　2008「サラワクにおけるプランテーションの拡大」秋道智彌・市川昌広編『東南アジアの森に何が起こっているか——熱帯雨林とモンスーン林からの報告』人文書院，223-251 頁。

田村慶子　1988「マレーシア連邦における国家統一——サバ，サラワクを中心として」『アジア研究：アジア政経学会季刊』35 (1)：1-44 頁。

内藤大輔　2010「マレーシアにおける森林認証制度の導入過程と先住民への対応——FSC・MTCC 認証の比較から」市川昌広・生方史数・内藤大輔編『熱帯アジアの人々と森林管理制度——現場からのガバナンス論』人文書院，151-167 頁。

林田秀樹　2012「パーム油生産の急増とその需要側要因について——1990 年代末以降に焦点を当てて」『社会科学』41 (4)：89-107 頁。

藤田渡　2008「悪評をこえて——サラワク社会と『持続的森林管理』のゆくえ」『東南アジア研究』46 (2)：255-275 頁。

水野祥子　2006『イギリス帝国からみる環境史——インド支配と森林保護』岩波書店。

Brown, D. W. 1999. Why governments fail to capture economic rent: The unofficial appropriation of rain forest rent by rulers in insular Southeast Asia between 1970 and 1999. Ph. D. dissertation, University of Washington.

Chin, U. H. 1997. *Chinese politics in Sarawak: A study of the Sarwak United People's Party*, Kuala Lumpur, New York: Oxford University Press.

Council on Ethics for the Government Pension Fund Global 2010. To the Ministry of Finance, Recommendation of 22 February 2010（www.regjeringen.no/

pages/13897161/Samling.pdf)

Cramb, R. 1990. The role of smallholder agriculture in the development of Sarawak, 1963-88. *Journal AZAM* 6: 103-123.

Department of Statistics Malaysia Sarawak 2006. *Sarawak yearbook of statistics 2006*, Kuching: Department of Statistics Malaysia Sarawak.

Department of Statistics Malaysia Sarawak 2011. *Sarawak yearbook of statistics 2011*, Kuching: Department of Statistics Malaysia Sarawak.

Department of Statistics Malaysia 2011. *Population by Ethnic Group and Region, Malaysia, 2011*, Kuala Lumpur: Department of Statistics Malaysia.

Faeh, D. 2011. *Development of global timber tycoons in Sarawak, East Malaysia: History and company profiles*, Basel: Bruno Manser Fund.

Friends of the Earth 2008. *Malaysian palm oil: Green gold or green Wash?* Penang/Brussels: Friends of the Earth.

Hazis, F. S. 2012. *Domination and contestation: Muslim bumiputera politics in Sarawak*, Singapore: Institute of Southeast Asian Studies.

King, V. 1986. Land settlement schemes and the alleviation of rural poverty in Sarawak, East Malaysia: A critical commentary. *Southeast Asia Journal of Social Science* 14 (1) : 71-99.

Leigh, M. B. 1974. *The rising moon: Political change in Sarawak*, Sydney: Sydney University Press.

Leigh, M. B. 1998. Political economy of logging in Sarawak, Malaysia. In Hirsch, P. & Warren, C. (eds.), *The politics of environment in Southeast Asia, resources and resistance*, London: Routledge, pp.93-106.

Majid-Cooke, F. 2002. Vulnerability, control and oil palm in Sarawak: Globalization and a new era? *Development and Change* 32 (2) : 189-211.

Majid-Cooke, F. 2003. Maps and counter-maps: Globlised imaginings and local realities of Sarawak's plantation agriculture. *Journal of Southeast Asian Studies* 34 (2) : 265-284.

Milne, R. S. & Ratnam, K. J. 1974. *Malaysia: New states in a new nation*, London: Frank Cass.

Phoa, C. L. 2003. The political economy of Sarwak's timber industry and its impact on the indigenous peoples. Ph. D. dissertation, University of Malaya.

Ross, M. L. 2001. *Timber booms and institutional breakdown in Southeast Asia*, Cambridge: Cambridge University Press.

Smythies, B. E. 1963. History of forestry in Sarawak. *Malaysian Forester* 26: 232-253.

Vogt, K. A., Larson, B. C., Gordon, J. C., Vogt, D. J. & Franzeres, A. 1999. *Forest certification: Roots, issues, challenges, and benefits*, Boca Raton, Florida: CRC Press.

（ウェブサイト）

サイム・ダービー社（Sime Darby）"Board of Directors" http://www.simedarby.com/Board_of_Directors.aspx（2012月11月2日閲覧）

サラワク州森林局（Forest Department Sarawak, FDS）"Sustainable Forest Management" http://www.forestry.sarawak.gov.my/page.php?id=595&menu_id=0&sub_id=162（2012年9月14日閲覧）

サラワク州森林局 "Background Of Forest Plantation Development In Sarawak" http://www.forestry.sarawak.gov.my/page.php?id=1007&menu_id=0&sub_id=242（2012年9月14日閲覧）

サラワク州土地開発省（Ministry of Land Development Sarawak）"Development of Native Customary Rights (NCR) Land" http://www.mlds.sarawak.gov.my/page.php?id=62&menu_id=0&sub_id=133（2012年9月20日閲覧）

サラワク生物多様性センター（Sarawak Biodiversity Centr）http://www.sbc.org.my/（2012年9月20日閲覧）

トレイドウィンズ社（Tradewinds）"Board of Directors" http://www.twinds.com.my/about-corporate-bod.php（2012年11月2日閲覧）

ボーステッド社（Boustead Holdings Berhad）"Directors" http://bousteadholdings.listedcompany.com/directors.html（2012年11月2日閲覧）

ノルウェー財務省（Ministry of Finance Norway）"Press release, 23. 08. 2010, No.: 48/2010, Three companies excluded from the Government Pension Fund Global" http://www.regjeringen.no/en/dep/fin/press-center/press-releases/2010/three-companies-excluded-from-the-govern.html?id=612790（2012年9月27日閲覧）

連邦土地統合再開発庁（Federal Land Consolidation and Rehabilitation Authority, FELCR）"Estate Development and Ownership" http://www.felcra.com.my/pemilikan-pembangunan（2012年9月26日閲覧）

（オンライン・メディア）

Free Malaysia Today, 8 December 2011. "Cheated natives to sue Taib" http://www.freemalaysiatoday.com/category/nation/2011/12/08/cheated-natives-to-sue-taib/（2012年9月26日閲覧）

Free Malaysia Today, 19 July, 2011. "James Wong did it his way" http://www.

freemalaysiatoday.com/category/nation/2011/07/19/james-wong-did-it-his-way/（2012年10月22日閲覧）

Sarawak Report, 18 January 2011. "Family First, The People Last" http://www.sarawakreport.org/2011/01/family-first-the-people-last/（2012年9月26日閲覧）

Sarawak Report, 19 July 2012. "Sime Darby's Greenwash Scandal!" http://www.sarawakreport.org/2012/07/sime-darbys-greenwash-scandal/（2012年9月26日閲覧）

The Star, November 6, 2012. "Mitsubishi funds bioenergy research in Sarawak algae" http://biz.thestar.com.my/news/story.asp?file=/2012/11/6/business/12275818&sec=business（2012年11月20日閲覧）

あとがき

　私が初めてサラワクを訪れたのは20年余り前のことである。当時は木材伐採の最盛期で木材関連企業で働く大勢の日本人が駐在していた。その後，日本とサラワクを行き来するたびに，大きく変わっていくサラワクを目の当たりにしてきた。町は発展し，都市となった。河川の中・上流域を訪れるには，昔なら船旅で相当の時間と費用がかかったが，今では自動車で格段に早く安く行けるようになった。土地利用や景観，人々の生活も本書の各章で述べているように大きく変わった。

　20年ほど前のサラワクは，熱帯林の伐採とそれによる先住民の生活への影響が問題視され，国際的に注目されていた時期であった。日本でもサラワクを含め熱帯林のことがさかんに報じられていた。それから20年がたち，世の中では熱帯林に関して以前ほどは取り上げられなくなった。しかし，現場では森林とそこでの先住民の暮らしが以前にもまして大きく変化している。そのことを日本の方々に知っていただきたいと考え，本書の出版を企画した。

　各章の成果は，総合地球環境学研究所（地球研）でここ10年ほど続いたサラワクでの研究プロジェクト「持続的森林利用オプションの評価と将来像」（D-01）と「人間活動下の生態系ネットワークの崩壊と再生」（D-04），および日本学術振興会科学研究費補助金基盤研究（S）「東南アジア熱帯域におけるプランテーション型バイオマス社会の総合的研究」（課題番号22221010）によるものである。とくに，地球研のD-04プロジェクトには，本出版にあたり多大なご支援をいただいた。

　いずれの研究プロジェクトでも，文系と理系の多数の研究者が協働して，環境にかかわる問題に取り組んできた。本書でもさまざまな分野の研究者が，異なる視角からボルネオの環境の変化と先住民の対応について語っており，それを一語で「環境学」とし，タイトルに入れた次第である。

　最後に，昭和堂編集部の松井久見子さんには，本書出版の企画にご理解・ご

賛同いただき，刊行にいたるまで多大なご尽力をいただいた。この場をお借りして，執筆者一同，心より感謝申し上げる。

 2013 年 3 月

編者のひとりとして
市川昌広

索　　引

あ行

アカシア ……………………… 13, 128, 137
　――・プランテーション… 19, 137, 156
　――・マンギウム … 100, 202, 203, 216
空き室 ……………… 97, 113, 115, 116, 118
新しいコンセプト ………… 205, 206, 208, 216
アブドゥル・タイプ・マフムド……… 193, 194, 197-200, 202-205, 207, 208, 212, 214-216
アブドゥル・ラフマン・ヤコブ…194-198, 200, 204, 212, 214, 215
アブラヤシ ……………… 13, 14, 100, 117, 128
　――・プランテーション……18, 21, 104-106, 136, 153, 155, 156, 158, 167, 168, 181, 205, 207, 208
　――・プランテーション開発……… 188, 189, 204, 205, 207, 208, 211
　――園 ……………… 105, 106, 110, 118, 123
　――園化（――農園化）……… 110-112, 119-121
　――栽培 …………… 97, 111, 112, 118, 119
維持審査 ……………………………… 177, 179
一斉結実 ……………… 134-136, 140, 142, 143
移動型文化 ………………………………………… 6
イバン …………………… 4, 5, 29, 38-46, 63
インドネシア人労働者 ……………………… 108
ウルニア ……………………………… 107, 110
永久林 ………………………………… 190, 213
エクスプレス・ボート ………………… 66, 89
エス・ジー・エス（SGS）………… 177-179
エルニーニョ／ラニーニャ …………… 66, 86
オラン・スンガイ ……… 168, 169, 173, 175

か行

科学的な生態学知識（SEK）……………… 9
科学的林業……5, 14, 19, 166, 167, 170, 172, 182, 183
河岸侵食 ………………… 16, 57, 59, 74, 77
河岸段丘 ………………………………… 75, 76
攪乱 ………………………………………… 99
囲い込み ………………………………… 183
火山岩 ……………………………………… 72
果樹林 …………………………………… 100, 102
河床勾配 …………………………………… 72
華人 ………………………………………… 2, 64, 86
河川災害 ……………… 16, 58, 59, 65, 71, 86
過疎・高齢化 ……………………………… 112, 122
滑走斜面 ……………………………………… 74
雷複合 ………………………………… 67, 148
カヤン ……………………………………… 115
観察事項 …………………………………… 178
慣習的な土地使用権 ………………………… 7
気候変動 …………………………………… 66
北ボルネオ勅許会社 ……………………… 171
キナバタンガン川 ………………………… 167
規範 ………………………………………… 11
休閑 ……………………………… 6, 7, 82, 86
教育 …………………………………… 116, 117
共産ゲリラ …………………… 191, 195, 196
キリスト教 …………………………… 115, 116
儀礼 ………………………………… 59, 68, 85
禁忌 ………………………………………… 18
　――動物 ………………………………… 151
　食物―― ……………………………… 149, 151
近代知 ………………………… 10, 210, 213
空間スケール ……………………………… 82
クディッ ………………………………… 67-70

クニャ……………………………………… 49, 50
暮らしの生物多様性 …… 17, 18, 96, 97, 100, 101, 121
クラビット ……………………………… 29, 38-46
グローバル化 …… 20, 21, 96, 102, 121, 122
経験知 ……………………………………………… 10
権威知 …………………………………………… 10, 11
限界集落 …………………………………………… 112
原生林 …………………………………………… 7, 98
賢明な利用 ………………………………………… 10
攻撃斜面 …………………………………………… 74
洪水氾濫 ……………………………………… 56, 57, 60
降水量 ……………………………………… 71, 73, 78, 80
航走波 ……………………………………… 66, 77, 78, 86
国際熱帯木材機関（ITTO） … 13, 200, 201
国連食糧農業機関（FAO） … 188, 199, 214
コミュニティ林 ………………………………… 190
ゴム ……………………… 3, 13, 97, 98, 100-103, 118
コモンズ …………………………………………… 6
コンクリン ……………………………………… 8, 15
混淆性／混血性（metis）………………… 10, 129

さ行

災害 …………………………………… 58, 59, 84, 88
　——文化論 ……………………………………… 85
裁判 …………………………………… 20, 104, 210
　——闘争 ………………………………………… 21
サイム・ダービー社 ……………… 207, 208, 216
在来知／在来の知識 … 10, 58, 80, 82, 84, 128, 158
砂岩 …………………………………………… 71, 72
搾油工場 …………………… 105, 106, 108, 117, 119
里 ……………………………… 2-4, 12-14, 96, 188
里山 …………………………………………… 4, 98, 99
サバ財団 ………………………………………… 172
サバ州 …………………………… 166, 167, 169, 171, 182
サバ林業局 ……………………………………… 167
サムリン・グループ … 198, 199, 201, 203, 204, 215

サラワク基金 …………………………………… 195
サラワク生物多様性センター（SBC）… 209, 210, 217
サラワク木材産業開発公社（STIDC）… 203, 204
サラワク木材産業開発評議会 …… 195, 204
三角州 …………………………………………… 72, 78
サンダー・コンプレックス→雷複合
ジオミソロジー …………………………………… 85
時間スケール …………………………………… 82, 83
資源管理 ………………………………………… 8, 183
自然現象 …………………………………………… 65
自然認識 …………………………………………… 59
持続可能な開発 ………………………… 200, 215
持続可能な森林管理 ………………………… 201
持続性 …………………………………… 182, 183
実践の知識 ……………………………………… 10
湿地での稲作 ………………………………… 112
実用的知識 ……………………………………… 10
シハン …… 18, 129, 138, 139, 147, 148, 153
砂利採取 …………………………………… 67, 79, 86
州計画・資源管理省 …… 204-206, 209, 216
州資源計画・環境省 …………………… 212, 216
州資源計画省 ……………………… 197, 201, 216
州首席大臣 ……………………………………… 19, 172
州土地開発省 ……………………… 205-207, 216
州有地 ……………………………………………… 103
州有林 …………………………………………… 190, 213
狩猟 …… 138, 139, 142, 144, 147, 148, 155, 157, 169
狩猟採集民 …… 3, 7, 28, 37, 43, 48, 82, 138, 200
　——の定住化 ……………………………………… 21
循環的な土地利用 ……………………………… 101
浚渫船 …………………………………… 79, 86, 88
商業伐採／商業的木材伐採／商業木材伐採 …… 5, 12, 13, 103, 166, 170, 174, 176, 183, 188-191, 207, 208, 211
植林 …………………………………… 189, 202

——事業 19, 202, 203, 207, 208, 211
——政策 202, 216
ショップハウス 62
支流社会／支流文化 83
人口移動 114
人口減少 112
人口減少・高齢化 117, 118
審査機関 177
シンヤン・グループ 198, 199, 201, 207, 216
森林管理官 189, 190, 192, 195
森林管理協議会（FSC） 177
森林管理認証 202
森林局 171, 189, 190, 201-205, 207, 214-216
森林産物／林産物 3, 13, 102, 103, 117, 166, 168-171, 174, 178, 179, 182, 183
森林資源 5-7, 21, 81, 82
森林認証 14, 202
——制度 19, 167, 202, 216
森林伐採 66
神話 85, 86
——的説明 58, 67, 71, 81, 84
ステファン・カロン・ニンカン 192, 193, 214
成熟林化 121
精神世界 18, 128
生態系機能 99
生物多様性 17, 96-100, 121
——条約 98
精霊 4, 44-47, 52, 70, 84, 148
世界観 9, 11
是正処置要求（CAR） 177, 178
 軽微な—— 177
 重大な—— 177, 178
先住慣習権 171, 179, 181, 211, 215
先住慣習地 103, 104, 106, 119, 201, 205, 206, 211, 213, 215
先住知／先住民知識／先住民の知 1, 8, 10, 20, 22, 96, 166, 208

先住民 2, 3, 6
——のアブラヤシ栽培 17
——の人権問題 13
相利共生関係 99
層理面 72, 76
訴訟 104, 210

た行

タ・アン・グループ 203, 204, 207, 216
タービダイト 72, 82
第三者機関 177
タウィ・スリ 193, 194
ダマール 170
ダム開発 119
段丘面 62, 66, 75-77
地球温暖化 86
地形学 58, 71, 72, 77, 80, 82, 86, 88
知的所有権 20, 210
沖積平野 72
超自然的現象 85
低インパクト伐採 177
泥岩 71
定着的な農業 106
適従谷 72
鉄木 171
伝統知／伝統的知識(TK) 8, 26, 96, 209, 210
伝統的生態学的知識(TEK) 8, 9, 20, 128, 158
ドイツ技術協力公社(GTZ) 176, 210
籐→ラタン
統一マレー国民組織 194, 207, 214, 216
道路 118
——封鎖 104
トーテム 18, 151, 152
都市 122, 123
——化 97
——発展 115
——への移住 122

――への人口流出 ……14, 18, 21, 113, 118, 120
土地管理開発機構（LCDA）……206, 207
土地調査局 ……………………205, 207, 208
土地法 ………… 7, 62, 64, 171, 192, 193, 196
土着の知識 …………………………………128
トレイドウィンズ社 ……………207, 208, 216

な行

西プナン ……… 16, 27-29, 38, 40-50, 52
二次林 ………… 3, 4, 17, 97, 98, 101, 106, 120
――の成熟林化 ………………… 118, 120
認証機関 ……………………………………177
熱帯林業 ……………………………………166
熱帯林問題 …………………………176, 200
農業局 ………………………… 106-108, 111

は行

バイオテクノロジー …………………209, 210
伐採会社／伐採企業 ……… 19, 69, 70, 104, 117, 172, 201
伐採道路 ……………………………… 116, 117
パトロン・クライアント関係……196-198, 203, 211
バラム川 …………………………110, 112, 114
東カリマンタン州 ……………………………27
東プナン ………………… 29, 37-39, 44, 47
ピグミー …………………………………46, 47
ヒゲイノシシ… 130, 132-136, 139-141, 143, 153-157
必従谷 ………………………………………73
フタバガキ科樹木 …………………… 103, 175
プナン ………………………………… 117, 200
プマカイ・ムノア ……………………………211
プランテーション …7, 13, 14, 66, 129, 135, 152-154, 156, 157
――開発 ………………… 119, 205, 206, 208
――経営 ………………………………… 205
フリーマン ……………………………………5

ブルック ……………………… 102, 189, 190
文化知…………………………………………87
文化的了解 …………………………………88
ボーステッド社 ………………………207, 216
保護林 ………………………………………190
保存林 ……… 98, 101, 167, 168, 171, 176, 177-182, 189, 190
ボルネオ木材会社 …………………………172
本審査 …………………………………177-179

ま行

マヤ系 ……………………………………51, 52
マレー …………………………………………63
マレーシア木材認証協議会
（MTCC）……………… 14, 202, 216
身の丈の技術 ………………………………122
ミリ ………………………………… 113-115
民俗分類（folk taxonomy）………………8
ムノア（menua）……………………………4
ムミンギール（meminggir）…… 174, 175, 180, 182
村・企業・州政府合同の法人 ……………108
木材伐採 ………………… 103, 105, 116, 117
木材ブーム …… 188, 191, 196, 199, 200, 202, 204
木馬 …………………………………………173
モザイク景観 …… 17, 96, 97, 100-104, 120, 121, 123
森の蚕食者 …………………………………5

や行

焼畑 … 3, 5, 6, 62, 69, 81, 96, 100, 112, 121, 189, 196
ユーラシアプレート …………………………71
ユナイテッド木材社 ………………………173
読みやすく（legible）……………………166

ら行

ラタン／籐… 34. 43, 44, 101, 103, 168-170,

178, 181
リーダーシップ　117
利権構造　19
流域社会　81, 83
隆起　71
林産物→森林産物
リンブナン・ヒジャウ・グループ　196, 198, 199, 203, 207, 216
ルマ・ノル裁判　211
ルンバワン　44
ロングハウス　3, 56, 59, 62-64, 89, 100, 113

略語

CAR→是正処置要求
FAO→国連食糧農業機関
folk taxonomy→民俗分類
FSC→森林管理協議会
　——原則と規準　177
　——森林管理認証　178
GPS　20
GTZ→ドイツ技術協力公社
IK（indigenous knowledge）→先住知／先住民知識／先住民の知
ITTO→国際熱帯木材機関
KTSグループ　198, 199, 203, 204, 216
LCDA→土地管理開発機構
MTCC→マレーシア木材認証協議会
NGO　12, 13, 20, 104, 210, 211
SATOYAMAイニシアティブ　98
SBC→サラワク生物多様性センター
SEK（scientific ecological knowledge）→科学的な生態学知識
SGS→エス・ジー・エス
STIDC→サラワク木材産業開発公社
TEK（traditional ecological knowledge）→伝統的生態学的知識
TK（traditional knowledge）→伝統的知識
WTKグループ　198, 199, 207, 216

索引　227

■編者・執筆者紹介（*印編者，執筆順）

市川昌広* （いちかわ まさひろ）
　高知大学自然科学系農学部門教授。
　専門は農山村資源利用論，東南アジア地域研究。
　おもな著作に『熱帯アジアの人々と森林管理制度――現場からのガバナンス論』（編著，人文書院，2010 年），『東南アジアの森に何が起こっているか――熱帯雨林とモンスーン林からの報告』（編著，人文書院，2008 年）など。

祖田亮次* （そだ りょうじ）
　大阪市立大学文学研究科准教授。
　専門は地理学，東南アジア地域研究。
　おもな著作に「多自然川づくりとは何だったのか？」（共著, E-journal GEO 7 (2)），2012 年），*People on the move: rural-urban interactions in Sarawak* (Kyoto and Melbourne: Kyoto University Press and Trans Pacific Press, 2007)，『広島原爆デジタルアトラス』（共著，総合地誌研究叢書 38，広島大学総合地誌研究資料センター，2001 年）など。

小泉　都 （こいずみ みやこ）
　京都大学大学院農学研究科研究員。
　専門は文化人類学，民族植物学。
　おもな著作に『熱帯アジアの人々と森林管理制度――現場からのガバナンス論』（分担執筆，人文書院，2010 年），"Penan Benalui wild-plant use, classification, and nomenclature" (*Current Anthropology* 48(3), 2007) など。

目代邦康 （もくだい くにやす）
　公益財団法人自然保護助成基金主任研究員。
　専門は地形学，資源保全学。
　おもな著作に『地形観察ウォーキングガイド』（誠文堂新光社，2012 年），『地形探検図鑑』（誠文堂新光社，2011 年）など。

加藤裕美 （かとう ゆみ）
　早稲田大学アジア太平洋研究センター助手。
　専門は文化人類学，東南アジア地域研究。
　おもな著作に「マレーシア・サラワクにおける狩猟採集民社会の変化と持続――シハン人の事例研究」（京都大学大学院アジア・アフリカ地域研究研究科提出博士論文，2011 年），『東南アジアの森に何が起こっているか――熱帯雨林とモンスーン林からの報告』（分担執筆，人文書院，2008 年）など。

鮫島弘光 （さめじま ひろみつ）
　京都大学東南アジア研究所特定研究員。
　専門は生態学，森林管理学。
　おもな著作に "Camera-trapping rates of mammals and birds in a Bornean tropical rainforest under sustainable forest management" (*Forest Ecology and Management* 270, 2012) など。

内藤大輔＊（ないとう だいすけ）
　　総合地球環境学研究所特任助教。
　　専門はポリティカル・エコロジー，東南アジア地域研究。
　　おもな著作に『熱帯アジアの人々と森林管理制度──現場からのガバナンス論』（編著，人文書院，2010年），「FSC森林認証制度の運用における先住民への影響──マレーシア・サバ州FSC認証林の審査結果の分析から」（『林業経済研究』56 (2)，2010年）など。

森下明子（もりした あきこ）
　　京都大学東南アジア研究所特定研究員。
　　専門は東南アジア政治，地域研究。
　　おもな著作に『2009年インドネシアの選挙──ユドヨノ再選の背景と第2期政権の展望』（分担執筆，アジア経済研究所，2010年），"Contesting power in Indonesia's resource-rich regions in the era of decentralization"（*Indonesia* 86, 2008）など。

ボルネオの〈里〉の環境学——変貌する熱帯林と先住民の知

2013 年 3 月 29 日　初版第 1 刷発行

編　者	市 川 昌 広
	祖 田 亮 次
	内 藤 大 輔
発 行 者	齊 藤 万 壽 子

〒 606-8224　京都市左京区北白川京大農学部前
発行所　株式会社 昭和堂
振替口座　01060-5-9347
TEL (075) 706-8818 ／ FAX (075) 706-8878
ホームページ　http://www.showado-kyoto.jp/

Ⓒ 市川昌広ほか 2013　　　　　　　　　　　印刷　モリモト印刷
ISBN978-4-8122-1319-3
＊乱丁・落丁本はお取り替えいたします。
Printed in Japan

本書のコピー，スキャン，デジタル化等の無断複製は著作権法上での例外を除き禁じられています。本書を代行業者等の第三者に依頼してスキャンやデジタル化することは，たとえ個人や家庭内での利用でも著作権法違反です。

石坂晋哉 著
現代インドの環境思想と環境運動
ガーンディー主義と〈つながりの政治〉
定価四二〇〇円

金沢謙太郎 著
熱帯雨林のポリティカル・エコロジー
先住民・資源・グローバリゼーション
定価五二五〇円

宮内泰介 編
半栽培の環境社会学
これからの人と自然
定価二六二五円

荒木徹也
井上 真 編
フィールドワークからの国際協力
定価二六二五円

古川 彰
川田牧人 編
山 泰幸
環境民俗学
新しいフィールド学へ
定価二七三〇円

秋道智彌 著
生態史から読み解く環・境・学
なわばりとつながりの知
定価二七三〇円

――― 昭和堂 ―――
（定価には消費税5％が含まれています）